JEDER HUND KANN GEHORCHEN LERNEN

Dirk Lenzen
mit Sebastian Brück

JEDER HUND KANN GEHORCHEN LERNEN

Schluss mit der Leckerchen-Lüge und 22 weiteren Irrtümern der Hundeerziehung

mvgverlag

Bibliografische Information der Deutschen Nationalbibliothek
Die Deutsche Nationalbibliothek verzeichnet diese Publikation in der Deutschen Nationalbibliografie.
Detaillierte bibliografische Daten sind im Internet über **http://dnb.d-nb.de** abrufbar.

Für Fragen und Anregungen:
info@mvg-verlag.de

3. Auflage 2020
© 2012 by mvg Verlag, ein Imprint der Münchner Verlagsgruppe GmbH
Nymphenburger Straße 86
D-80636 München
Tel.: 089 651285-0
Fax: 089 652096

Alle Rechte, insbesondere das Recht der Vervielfältigung und Verbreitung sowie der Übersetzung, vorbehalten. Kein Teil des Werkes darf in irgendeiner Form (durch Fotokopie, Mikrofilm oder ein anderes Verfahren) ohne schriftliche Genehmigung des Verlages reproduziert oder unter Verwendung elektronischer Systeme gespeichert, verarbeitet, vervielfältigt oder verbreitet werden.

Die Namen aller Menschen (mit Ausnahme von Oma Margarete und der Schauspieler in Kapitel 8) und Hunde (mit Ausnahme von Dirk Lenzens eigenen) wurden im Buch verändert.

Redaktion: Stephanie Ehrenschwendner
Umschlaggestaltung: Pamela Günther, München
Umschlagabbildung: Datacraft Co. Ltd., GettyImages
Innenabbildungen: Dirk Lenzen, Harald Dies, Christian Lahme, Caroline Hofbauer
Satz: Buch-Werkstatt GmbH, Bad Aibling
Druck: GGP Media GmbH, Pößneck
Printed in Germany

ISBN 978-3-86882-274-8
ISBN E-Book (PDF) 978-3-86415-301-3
ISBN E-Book (EPUB, Mobi) 978-3-86415-302-0

Weitere Informationen zum Verlag finden Sie unter
www.mvg-verlag.de
Beachten Sie auch unsere weiteren Verlage unter www.m-vg.de

Inhalt

VORWORT	**Der Hundetrainer-Boom**	**7**
	Vom Wesenstest zum Blümchentrainig	13
KAPITEL 1	**Die Leckerchen-Lüge oder das Oma-Margarete-Prinzip**	**17**
KAPITEL 2	**Populäre Erziehungsfehler vermeiden**	**25**
	Die Eingewöhnungsfalle	25
	Die Hundespielzeug-Schwemme	29
	Die »Zu schnell auf Du und Du«-Falle	34
	Das »Den Hund Hund sein lassen«-Märchen	36
	Nur schwerhörige Hunde brauchen eine laute Ansprache	39
	Der Welpenschutz-Mythos	42
	Der »Die machen das unter sich aus«-Irrtum	43
	Die Kastrationsfalle	49
	Die »Mein Hund hat Angst«-Ausrede	55
	Die Rücksicht-Bremse	57
	Der »Hund und Kind müssen beste Freunde sein«-Leichtsinn	58
	Das »Halter schwer erziehbar«-Phänomen	67
KAPITEL 3	**Dem Hund Grenzen setzen**	**71**
	Mit der Leine artgerecht »beißen«	71
	Problemhunde unterordnen	74
	Mit Disziplin und Konsequenz Orientierung geben	79
KAPITEL 4	**Die Kommando-Inflation**	**89**
	»Sitz!« und »Platz!«	90
	»Komm!« und »Hier!«	95
	»Nein!«, »Aus!« und »Ab!«	99
	»Bleib!«	102
	»Steh!«, »Hopp!« und »Lauf!«	103
KAPITEL 5	**Überschätzte Hilfsmittel bei der Hundeerziehung**	**105**
	Klicker	106
	Halti	109
	Futterbeutel	111
	Geschirr	113

| KAPITEL 6 | (Un-)Hündische Vermenschlichung | 117 |

Der »Mein Hund versteht alles, was ich sage«-Mythos 117
Das »Mein Hund lernt durch Bestrafung«-Märchen 122
Die »Der braucht ab und zu mal einen Klaps«-Lüge 124
Der Freudenpipi-Mythos 125
Der »Hunde haben Gewissensbisse«-Mythos 126
Das »Aus Trotz oder Protest pinkeln/fressen/bellen«-Missverständnis 129
Der »Mein Hund ist beleidigt«-Irrtum 131
Das »Mein Hund ist traurig«-Märchen 132
Die »Mein Hund ist eifersüchtig«-Projektion 136
Die »Mein Hund liebt und vermisst mich«-Einbildung 138
Falscher »Zickenalarm« 140
Die »100 Prozent Verlass«-Floskel 142

KAPITEL 7 Wie finde ich den richtigen Hund?   **145**

Hund und Halter sollten zusammenpassen 145
Die »Geiz ist geil«-Mentalität beim Hundekauf 148
Typische Probleme mit Modehunden 151
Das Straßenhund-Phänomen 156

KAPITEL 8 Leckerchen können auch erlaubt sein   **165**

Der Rudelführer und sein Rudel 166
Leckerchen als Motivationskick für Nichtalltägliches 171
Tricks auf Sichtzeichen 173
Kleine Kunststückchen verbinden Hund und Halter 178
Wie Hunde »Teamplayer« werden 186
Hunde – in der Riech-Liga ganz weit oben 189

KAPITEL 9 Auf dem letzten Weg die Pfote halten   **193**

Nachwort   **199**

Ich danke …   **200**

Über den Autor   **201**

Vorwort
Der Hundetrainer-Boom

Deutschland, deine Hundeschulen. Im Park, am Flussufer oder auf umzäunten Plätzen – überall werden Hunde ausgebildet, überall üben Gruppen oder einzelne Hundebesitzer mit ihren Vierbeinern Kommandos, Leinenführigkeit und Co. Heutzutage meldet man sein vierpfotiges neues Familienmitglied so selbstverständlich in der Welpenschule an wie die Kinder im Kindergarten. Und sobald bei der Erziehung »größere« Probleme auftauchen, kauft man sich einen schön bebilderten Hunderatgeber oder bucht gleich Einzelunterricht bei einem Trainer.

Seit der Jahrtausendwende hat der Markt der Hundetrainer und Hundeschulen einen beachtlichen Boom erlebt. Früher war Hundetraining eher etwas für »Freaks« oder Spezialisten und spielte sich in nach Rassen getrennten Vereinen ab, heute gibt es ein riesiges Angebot. Doch wie sieht es mit der Qualität aus? Meine These: Es fehlen fähige Experten – und vieles von dem, was gelehrt wird, ist kontraproduktiv. Denn nicht jede Methode passt zu jedem Hund bzw. zu jedem Hunde-Umfeld. Schema F in der Hundeerziehung – das funktioniert einfach nicht. Genauso wenig kann man Unarten einfach wegfüttern, wegstreicheln oder wegoperieren.

Ich bin seit über 15 Jahren im Geschäft, lerne heute immer noch dazu und behaupte, dass maximal zehn Prozent all jener, die als Hundetrainer oder Hundepsychologen – beides übrigens ungeschützte Titel – unterwegs sind, über ausreichend Erfahrung verfügen, um nicht nur mit »Blümchenhunden« wie Labrador oder Golden Retriever, sondern auch mit Problemhunden fertigzuwerden. Die Begriffskreation »Blümchenhund« steht für Hunde, von denen man ironischerweise annehmen könnte, dass sie schon gut erzogen auf die Welt gekommen sind: Hunde, die nicht aggressiv sind, leicht folgen und keine Alphatier-Tendenzen haben. Problemhunde sind meist das genaue Gegenteil. Natürlich können auch Blümchenhunde durch schlechte Erfahrungen, falsche Erziehung und jahrelange Vermenschlichung zu Problemhunden werden. Genauso wie manche

Problemhunde nicht durch Aggressivität, sondern durch extremes Meide- und Unterwürfigkeitsverhalten auffallen. Dazu später mehr.

In jedem Fall fühlen sich viele Hundehalter angesichts des Ansturms unseriöser Hundeexperten und der Literaturschwemme über »moderne«, »artgerechte«, »sanfte« und »leise« Methoden der Hundeerziehung restlos überfordert. Die Aufklärungsarbeit entpuppt sich als schier endlose Aufgabe. Warum? Weil es sich eingebürgert hat, die Hunde schon im Basistraining mithilfe von Leckerchen, auch Leckerli oder Goodies genannt, dazu zu bringen, das zu tun, was wir wollen, bzw. das nicht zu tun, was wir nicht wollen. Hundehalter haben sich in Hundefütterer verwandelt. Und genau darin liegt das Kernproblem, denn kaum ein Trainer wagt es, den Einsatz von Leckerchen zu hinterfragen. Schließlich kommen sie in fast jeder Hundesendung im Fernsehen wie auch in fast jeder Hundeschule zum Einsatz.

Die Industrie hat den Leckerchen-Boom mit vorangetrieben: Vor 30 Jahren gab es nur Frolic und allenfalls zwei bis drei andere Produkte, heute stehen in jedem Supermarkt meterlange Regale mit Leckerchen in allen Geschmacksrichtungen und Formen – vom Markenprodukt über günstige Discounterartikel bis zu vermeintlich gesunden Bio-Leckerchen. In Zahlen: Allein im Jahr 2010 gaben die Deutschen 834 Millionen Euro für Futter und Leckerchen aus, für Babynahrung dagegen nur rund 556 Millionen. (Quelle: Gesellschaft für Konsumforschung/GfK)

In diesem Buch erfahren Sie, warum die mithilfe von Leckerchen erzielten Erfolge oberflächlich und mitunter sogar gefährlich sind. Außerdem lernen Sie die zahlreichen »Geschwister« der Leckerchen-Lüge kennen: das »Den Hund Hund sein lassen«-Märchen, die Kommando-Inflation, die »Der braucht ab und zu mal einen Klaps«-Lüge sowie weitere Mythen und Irrtümer der Hundeerziehung. Selbstverständlich zeige ich Ihnen auch, wie Sie es besser machen können, und zwar anhand von praxisnahen und nachvollziehbaren Fallgeschichten aus meinem Alltag als Problemhundtrainer. Die Ausgangsfragen lauten: Wie würde ein Hund mit einem Hund umgehen? Und wie kann ich diese Hund-Hund-Erziehung für den Menschen und seinen Umgang mit einem Hund adaptieren? Das Ziel ist dabei immer: eine enge und vertrauensvolle Bindung zwischen

Vorwort

Hund und Halter – ohne Bestechung durch Leckerchen. Damit nicht Sie beim Gassigehen Ihrem Hund hinterhergehen, sondern er Ihnen folgt. Jeder Hund kann das lernen – vorausgesetzt, Herrchen und Frauchen spielen mit und setzen als Leitfigur mit Konsequenz, Ehrgeiz, Leidenschaft, Lob und Tadel die richtigen Signale.

Wozu braucht man eigentlich eine Hundeschule? Früher haben wir unsere Hunde doch auch ohne Trainer erzogen … Stimmt. Früher, sprich *vor* dem Boom der Hundeschulen, gab es nicht weniger gut erzogene Hunde als heute. Naheliegende Frage: Was hat die rund 9,6 Millionen Hundehalter[1] in Deutschland eigentlich dazu bewogen, den Hundeschulen die Türen einzurennen? Drei Stichworte: Medienhysterie, Gesetzeschaos, Verunsicherung. Eine Kettenreaktion.

Alles beginnt mit einem schrecklichen Vorfall: Am 26. Juni 2000 wird in Hamburg-Wilhelmsburg ein sechsjähriger Junge beim Fußballspielen auf dem Pausenhof von zwei Bullterriern angefallen. Die beiden Hunde sind ausgerissen und über eine Mauer im Hinterhof auf das Schulgelände gelangt. Sie verbeißen sich in den Jungen und können erst mit Schusswaffenhilfe von der Polizei gestoppt werden. Der Junge stirbt, der Fall erregt in der Presse riesige Aufmerksamkeit. Schnell ist in den Schlagzeilen pauschal von »Killerbestien« die Rede – obwohl sich bald herausstellt, dass der Hundehalter wegen Körperverletzung und unerlaubten Waffenbesitzes vorbestraft ist und sich wiederholt geweigert hat, seine Hunde anzuleinen und ihnen einen Maulkorb umzulegen.

Fortan findet jeder mittlere bis schwerere Beißzwischenfall zwischen Flensburg und Freiburg den Weg in die Zeitungen oder ins Fernsehen, das Thema steht auf der Medienagenda wochenlang ganz oben und die Politiker – nicht nur in Hamburg – geraten unter Zugzwang. Ein »Wir tun doch was«-Gesetz muss her, und zwar möglichst schnell. Nicht nur die sogenannten Kampfhunde, sondern praktisch alle größeren Hunde stehen plötzlich unter Generalverdacht. Die Bundesländer erlassen hastig neue Hundeverordnungen, die Koordination untereinander bleibt auf der Strecke. Die

---

1   Konkret: Es gibt 9 638 000 Menschen in Deutschland, die mindestens einen Hund im Haushalt haben. Quelle: »Soziografie und Psychografie der deutschen Hundehalter«, Studie von Sinus Soziovision, Heidelberg, 2005

Folge: ein Chaos, bei dem am Ende keiner mehr so richtig durchblickt – weder die Verantwortlichen in den Amtsstuben noch die Hundehalter.

Auch die Besitzer von Nicht-Kampfhunden wie Boxer und Französische Bulldogge müssen sich angesichts der angespannten Lage immer öfter Sätze wie »Warum trägt Ihr Köter keinen Maulkorb?!« oder »Der gehört eingeschläfert!« anhören. Ich kenne sogar Halter, deren Hunde einfach so von wildfremden Menschen getreten wurden, ohne dass das Tier zuvor irgendeine aggressive Reaktion gezeigt hätte. Deutschland wittert überall Killerbestien, mal abgesehen von Kleinkalibern wie Yorkshireterrier, Dackel und Chihuahua ist jeder Hund verdächtig.

> ### IRRTUM NR. 1:
> **»Heutzutage muss jeder Hund in die Hundeschule.«**
> Falsch! Wer seinen Hund von vornherein gut sozialisiert und konsequent erzieht, kann sich die Hundeschule sparen. Sie müssen Ihren Hund genauso wenig in der Hundeschule anmelden wie Ihr Kind beim Töpferkurs oder in der Musikschule – aber Sie können. Natürlich schadet es nicht, eine Welpen- oder Junghundgruppe aufzusuchen. Ihr Hund sollte nebenbei aber auch erwachsene, sozial verträgliche Hunde treffen, die ihm artgerecht Grenzen aufzeigen.

Bei diesem Klima ist es kein Wunder, dass die tödliche Attacke auch für meine Branche unmittelbar spürbare Folgen hat. Seit 1996 arbeite ich hauptberuflich als Problemhundtrainer. Bis zu besagtem Sommer im Jahr 2000 war ich zwar immer gut ausgelastet, aber in der Regel konnten die Kunden noch relativ kurzfristig einen Termin bekommen. Plötzlich häuften sich die Anfragen dermaßen, dass ich Wochen im Voraus ausgebucht war. Was war passiert? Die Hundehalter wurden aufgrund der auch in Nordrhein-Westfalen wenige Tage nach dem Tod des kleinen Jungen verabschiedeten »Landeshundeverordnung« (»LHV NRW«, heute »Landeshundegesetz« bzw. »LHundG NRW«) von heute auf morgen mit Problemen konfrontiert, die sie vorher gar nicht als solche wahrgenommen hatten. Befreundeten Hundetrainer-Kollegen in anderen Bundesländern ging es nicht anders. Die üblichen Fragen: »Mein Hund darf nicht

Vorwort

mehr frei laufen, aber weil er gar nicht an die Leine gewöhnt ist, macht er jetzt immer Radau und streitet sich mit anderen Hunden.« Oder: »Da er durch die neu eingeführte Leinenpflicht nicht ausgelastet ist, soll unser Hund nun lernen, an der Leine neben dem Fahrrad zu laufen.« Auch typisch: »Mein Hund durfte früher immer mit ins Büro, aber mein Chef will das jetzt nicht mehr. Wie bringen wir ihm bei, allein zu Hause zu bleiben?«

Klar, dass wiederum in erster Linie größere Hunde betroffen waren, und natürlich in besonderem Maße jene, die in den neuen amtlichen Listen als gefährlich eingestuft wurden. Nach dem Hamburger Vorfall standen, je nach Bundesland, etwa 45 Rassen im Fokus. Darunter die üblichen Verdächtigen wie Bullterrier, Rottweiler und Staffordshireterrier, aber auch der Rhodesian Ridgeback, der kurz darauf als Familienhund Karriere machte und heute in jeder deutschen Fußgängerzone zu sehen ist. 2002 wurde er nach mehreren Überprüfungen wieder aus den Listen gestrichen. Man munkelt, dass sogar eine chinesische »Kampfhunde«-Rasse, die bereits um 1915 ausgestorben war, in den schwarzen Listen ihre Wiederauferstehung feierte.

Da liegt die Frage auf der Hand: Wie konnten innerhalb von Tagen und Wochen um die 45 Hunderassen als Bedrohung für die Allgemeinheit ermittelt werden? Wusste vorher niemand von ihrer Gefährlichkeit? Meine Vermutung: Die Verantwortlichen in den Bundesländern haben unter Zeitdruck Hundeatlanten gewälzt und Rassenbeschreibungen gelesen. Und sobald Attribute wie »groß«, »schwer«, »starker Beutetrieb« oder »hyperaktiv« diagnostiziert wurden, stand die Rasse schon so gut wie auf der schwarzen Liste. Hinzu kam wahrscheinlich die oberflächliche Schnellanalyse der Vorjahre: Welche Rasse ist in der Beißstatistik besonders aufgefallen? Demnach hätte eigentlich auch der Deutsche Schäferhund in die schwarze Liste aufgenommen werden müssen, denn der war (und ist) in absoluten Zahlen klarer Beißspitzenreiter. Allerdings ist der Deutsche Schäferhund auch eine der beliebtesten Rassen, deren Halter in unzähligen Vereinen organisiert sind. Mehr als eine Million Deutsche leben in einem Haushalt mit Schäferhund.[2] Kurzum: Der Schäferhund hat

---

2   Quelle: »Soziografie und Psychografie der deutschen Hundehalter«, Studie von Sinus Soziovision, Heidelberg, 2005

eine starke Lobby – also tauchte er in den Rasselisten der gefährlichen Hunde gar nicht auf.

Die neuen schwarzen Listen sorgten bei den betroffenen Hundehaltern für große Verunsicherung: »Ach du Schreck, wir haben einen ›Kampfhund‹!« In der Öffentlichkeit schlug die Besorgnis vielfach in Hysterie um, einige Hundefreunde sprachen sogar von »Hundephobie«. Für Halter von »Listenhunden« wurde das Gassigehen nach dem tödlichen Hundebiss vom Juni 2000 zum Spießrutenlauf. Ein Bullterrier brauchte nur freudig zu bellen, schon zogen die Halter von kleineren Hunden ihren Liebling ängstlich zur Seite: »Da ist ja wieder so einer, morgen steht der sicher auch in der *BILD*-Zeitung!« Die Medienhysterie trieb einen Keil zwischen die Halter von großen und kleinen Hunden. Bei großen Hunden wurde permanent das Anleingebot eingefordert (»Leinen Sie sofort Ihren Hund an!«), bei Dackeln oder Cockerspaniels galt in dieser Hinsicht dagegen meistens Gnade vor Recht. Aber auch bei ihren Haltern läuteten schnell die Alarmglocken: Wehe, wenn sich der nicht angeleinte kleine Liebling einem angeleinten »Großen« nähert. Viel zu gefährlich!

In der Folge galt aus Sicht der Halter völlig unabhängig von Rasse und Größe: Ich muss meinen Hund noch besser beherrschen, im Idealfall ist er aus jeder Situation aufs Wort abrufbar. Das war allerdings pure Theorie. Viele Hunde hörten nur widerwillig bis gar nicht aufs Wort, auch wenn sie vorher in den allermeisten Fällen keinen Ärger verursacht hatten. Viele Halter wiederum wussten nicht mehr, wie sie ihren früher meistens frei laufenden und nun angeleinten Hund ausreichend beschäftigen und auslasten sollten – denn ausgewiesene Freilaufflächen, wo das Anleingebot nicht galt, waren (und sind) in den meisten Städten Mangelware. Dort, wo es sie gab, bildeten sich schnell Cliquen, die jeden Neuling kritisch begutachteten und sich nach außen hin abschirmten. Praktisch jeder Hundehalter stand unter Beobachtung. Damit begann der Boom der Hundeschulen.

Vorwort

Vom Wesenstest zum Blümchentraining

Allein die Zugehörigkeit zu einer bestimmten Rasse bzw. bei Mischlingen bestimmte äußere Merkmale bedeuten natürlich nicht automatisch, dass ein Hund gefährlich ist. Allerdings gab es unter den Besitzern von schweren, muskulösen Hunden schon immer einige, die wirklich ein schwieriges Exemplar hatten. Diese Leute standen seit dem Sommer 2000 so unter Druck, dass viele von ihnen sich früher oder später entschieden, ihren Hund einschläfern zu lassen. Das Image von Bullterrier und Co. war so tief in den Keller gesunken wie niemals zuvor. Obwohl die allermeisten Exemplare dieser Rassen noch nie zum Kampf eingesetzt worden waren, galten sie automatisch als »Kampfhunde«. Das machte sich auch in der Filmbranche bemerkbar. Neben meiner Tätigkeit als Problemhundtrainer betreibe ich eine Castingagentur für Filmtiere, und als einige Monate nach Beginn der Hundehysterie die ARD bei mir anfragte, weil für die Serie *Der Fahnder* ein Staffordshireterrier für eine Szene mit einem Luden benötigt wurde, zeigte sich zunächst keiner der infrage kommenden Halter bereit, seinen Hund mitmachen zu lassen. Und das, obwohl alle »Staffs« in meiner Filmtierkartei sozial verträglich und wesensfreundlich sind. Zu groß war die Verunsicherung, zu groß die Angst, dass doch etwas passieren könnte. Und natürlich kam hinzu, dass die Kombination aus Staffordshire und Zuhälter das Negativimage der Rasse zusätzlich bestätigte. Mit etwas Verspätung verzichteten dann auch Film-Drehbuchautoren fast komplett auf »Kampfhunde«. Selbst an der Seite von Zuhältern waren die entsprechenden Rassen in den folgenden Jahren nicht mehr gefragt.

Nach dem Tod des sechsjährigen Jungen in Hamburg wurde allerorten diskutiert, wie der Gesetzgeber zukünftig gefährliche Hunde erkennen und einstufen könne. Ein Wesenstest für die als potenziell gefährlich eingestuften Tiere musste her. Eine Art Hundeführerschein. Am Ende beschlossen die Gesetzgeber in den meisten Bundesländern, dass die Wesensprüfung nur ausgewählte Tierärzte in Kooperation mit von den Behörden ausgewählten Testern durchführen sollten. So schließt man zumindest aus, dass die Tierärzte befangen agieren, weil sie befürchten, Patienten zu verlieren, wenn sie einen Hund durchfallen lassen.

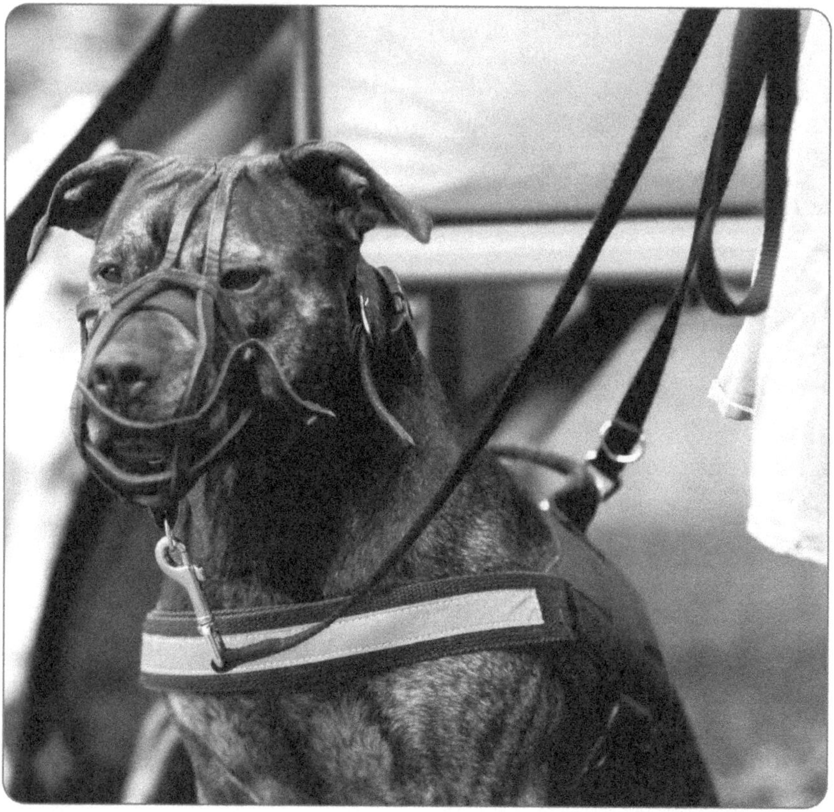

Ein typisches Bild nach der tödlichen »Kampfhund«-Attacke im Sommer 2000

Was genau passiert bei so einem Wesenstest? Der Tester konfrontiert den Hund mit bestimmten Situationen und Geräuschen, um seine Reaktionen zu analysieren und zu überprüfen, ob er aggressiv reagiert. Zum Teil mit skurrilen Auswüchsen: Da springt jemand aus dem Gebüsch und erschreckt den Hund, da spannt jemand direkt vor dem Hund einen Regenschirm auf oder macht mit einer Hupe ein lautes Geräusch. Der Hund darf zwar bellen, aber nicht auf den Fremden losgehen. Kurz: Beim Wesenstest geht es um Dinge, die jedem Hund mindestens einmal am Tag passieren ...

Je nach Bundesland unterscheidet sich der Test in einigen Details. Bis heute – mehr als zehn Jahre nach »Hamburg 2000« – gibt es keine für

Vorwort

> **IRRTUM NR. 2:**
> **»Wer sich Hundetrainer oder Hundepsychologe nennt, wird sein Handwerk schon verstehen.«**
> Falsch! Beide Titel sind nicht geschützt, jeder kann sich so nennen. Und viele unzureichend qualifizierte Trittbrettfahrer sind auf den Hundeschulen-Zug aufgesprungen. Auch eine Verbandsmitgliedschaft ist kein automatisches Gütesiegel. Jeder kann sich ganz einfach mit anderen zusammentun und zum Selbstmarketing einen Verband gründen. Ein Trainer, der »zertifiziert« und Mitglied in einem Hundetrainer-Verband ist, kann sehr gut sein, muss es aber nicht. Es gibt Blümchentrainer, die bei Problemhunden schnell an ihre Grenzen stoßen und trotzdem »zertifiziert« sind – und es gibt sehr gute Problemhundtrainer, die in keinem Verband sind und keine »Zertifikate« haben. (Wer prüft eigentlich die Prüfer?)
> Wie also finde ich den richtigen Trainer für mich und meinen Hund? Eine Internetrecherche kann helfen – aber auch das Gegenteil bewirken, sind doch die Möglichkeiten, sich selbst anonym oder unter falschem Namen als Top-Trainer anzupreisen, genauso groß wie die, einen Konkurrenten runterzumachen. Daher mein Rat: Machen Sie sich klar, welche Art von Hilfe Sie erwarten. Und hören Sie sich in Ihrem persönlichen Umfeld bei anderen Hundebesitzern um, wer welche Erfahrungen mit welchem Trainer gemacht hat.

alle Bundesländer einheitliche Regelung. Immer noch müssen »Listenhunde« (auch Anlagehunde genannt), bei denen von vornherein eine besondere Gefährlichkeit vermutet wird, sowie Hunde, die durch aggressives Verhalten aufgefallen sind, den Test absolvieren. Dafür gibt es mittlerweile bestimmt zehnmal so viele Hundetrainer wie damals (der Anteil der Frauen ist stark angestiegen). Die meisten neuen Trainer erziehen mit Leckerchen als Belohnung (positive Verstärkung). Eingangs habe ich erklärt, was ich unter Blümchenhunden verstehe. Bei solchen Hunden können diese Trainer durchaus erzieherische Erfolge feiern und ihren Kunden helfen. Doch was passiert, wenn abseits vom Trainingsplatz ein ausgewachsener Problembeißer auf sie (oder auf einen anderen Hund) losgeht? In solchen Situationen ist Blümchentraining zwecklos, denn man kann ja nicht mit Leckerchen um sich schmeißen, um die Hunde zu bestechen (Stichwort »Leckerchen-Lüge«!). Leider habe ich oft erlebt, dass Trainer aus der »Golden-Labby-Lobby« bei einem aggressiven Problemfall schnell die übereilte Diagnose »verhaltensgestört« stellen und empfehlen, den Hund einzuschläfern. Dabei gibt es auch bei solchen Hunden fast immer eine Chance, sie wieder »hinzubekommen«: indem man ihnen Grenzen setzt und ihnen imponiert. Das klappt aber nur, wenn der Hundehalter im Training bedingungslos mitzieht.

Kapitel 1
Die Leckerchen-Lüge oder das Oma-Margarete-Prinzip

Wer mit Bestechung oder Täuschung arbeitet, erreicht seine Ziele oft weitaus schneller als auf normalem Wege. Dafür leben Bestecher und Täuscher mit der permanenten Gefahr negativer Spätfolgen. In der Politik haben wir in den vergangenen Jahren diverse solcher Fälle erlebt. Hätten die Betroffenen den längeren oder steinigeren Weg gewählt, könnten sie ihr Leben guten Gewissens genießen – und die Erfolge wären nicht nur ehrlicher, sondern auch nachhaltiger. Was das mit der Hundeerziehung zu tun hat? Auch die große Mehrheit der Hundetrainer in Deutschland arbeitet – kaum hinterfragt – mit Bestechung und nimmt damit – bewusst oder unbewusst – negative Spätfolgen in Kauf. Konkret: In fast jeder Hunde-Sendung im Fernsehen und in fast jeder Hundeschule werden Vierbeiner von Zweibeinern mithilfe von Leckerchen bestochen – damit sie das tun, was wir wollen, und das lassen, was wir nicht wollen. Die im Basistraining durch Leckerchen erzielten Erfolge sind jedoch oberflächlich und mitunter sogar gefährlich.

Warum das so ist? Schauen wir uns die Szenerie mal aus Sicht der Hunde an, die auf Leckerchen konditioniert werden: Sie alle reagieren zunächst äußerst zuverlässig auf den magischen Griff in die Jackentasche oder das verheißungsvolle Knistern des Frischhaltebeutels. An dieser Stelle sprechen wir mal nicht über die Menge an Kalorien, denn Liebe geht ja bekanntlich durch den Magen.

»Ähm, Liebe? Was ist das denn?«, würde ein jeder Hund fragen, wenn er denn könnte. Im Hunderudel gibt es keine Liebe – und das merkt man auch, wenn ein Mensch bzw. mehrere Menschen und ein Hund ein Rudel bilden: Der Hund schließt sich dem Zweibeiner an, der ihm als Ranghöchster imponiert. Auf der anderen Seite wird er jedem »rangniedrigeren« Zweibeiner sofort die Beute streitig machen und sich danach wichtigeren Dingen zuwenden. Das ist seine Natur. Er testet in jedem Moment seine Rudel-Position und nutzt sie für sich.

Moment mal: »Rangniedriger« Zweibeiner?

»Ja klar!«, würde der Hund sagen, »schließlich muss ich mich nur vor meinen Zweibeiner setzen, ihn anspringen, abschlabbern oder anbellen, und schon gibt er seine Beute ab. Gelobt wird man dafür auch. Wirklich angenehm. Und so einfach! Manchmal ruft mich mein Zweibeiner auch zu sich und reißt sich regelrecht darum, seine Beute loszuwerden. Ja gut, wenn andere Hunde in der Nähe sind, muss man sich mit denen deshalb gelegentlich prügeln, aber das ist die Mühe wert. Seit Neuestem fliegt die Beute auch in schnauzengerechten Beuteln durch die Luft. Die Zweibeiner streiten sich dann mit meinen Kollegen und mir darum, wem welcher Beutel gehört. Mit seinem ganzen Verhalten zeigt mir der Zweibeiner, dass er rangniedriger ist als ich. Wieso sollte ich ihm vertrauen und mich ihm anschließen?«

Für viele Hundebesitzer ist die Erkenntnis schmerzhaft, dass ihr Hund weniger ihnen, sondern vielmehr seinem Beutetrieb folgt. Fühlt ein auf Leckerchen konditionierter Hund Schmerzen oder Angst (etwa nach einem Autounfall oder dem Tritt eines Joggers), ist er an keinem Fleischwürfel oder Futterbeutel der Welt interessiert. In solch einer Situation wird er Herrchen oder Frauchen nur dann aufsuchen, wenn beide eine innige Beziehung haben. An diesem Punkt schließt sich der Kreis zum Bestechungsbeispiel vom Anfang des Kapitels: Wäre der Hund nicht von klein auf mit Leckerchen gefügig gemacht worden, wäre die Erziehung vielleicht ein wenig mühsamer ausgefallen, dafür hätte sich eine nachhaltige und tief verbundene Hund-Halter-Beziehung entwickeln können.

Stattdessen greift die Leckerchen-Fraktion schon bei der Welpenerziehung tief in die Tüte oder den Kühlschrank und ist durch die dick aufgepumpten Jacken- bzw. Hosentaschen jederzeit zu identifizieren. Gerne tragen sie alternativ den hochgepriesen Futterbeutel mit sich herum. Unvorhersehbare Ereignisse können bei einem solchen Training natürlich zu bangen Minuten führen, zum Beispiel wenn einem die Munition ausgeht und sich das Waffenarsenal (der Kofferraum) in zwei bis drei Kilometern Entfernung befindet.

Manchmal führt die Bestechung mit Leckerchen auch zu gefährlichen Situationen. Ich spreche hier gerne von der Fremdfütterer-Plage: Ein Halter taucht mit seinem Liebling auf einer beliebten Hundewiese auf – be-

> **IRRTUM NR. 3:**
> **»Mit Leckerchen kann ich meinen Hund perfekt erziehen.«**
> Falsch! Wer mit Leckerchen arbeitet, nutzt den Beutetrieb des Hundes aus und macht sich aus Hundesicht zum Rangniedrigeren. Im Hunderudel gibt nur der Rangniedrigere sein Futter ab – und für den Hund sind Sie bzw. Ihre Familie sein Rudel. Die auf Leckerchenbestechung basierenden Erfolge sind oberflächlich und bringen den Hund auf eine angeblich »sanfte«, »artgerechte« und »gewaltfreie« Art und Weise in eine Abhängigkeit. Der Halter traut dem Hund nur, wenn er ihn mit Leckerchen an sich binden kann. Und der Hund folgt dem Halter in erster Line, weil der dauernd Beute abgibt. Das verhindert eine vertrauensvolle Bindung zwischen Hund und Halter. Die erreicht man nur, wenn man selbst die Rudelführerposition besetzt. Eine sinnvolle Belohnung für den Hund sind dagegen Lob und Streicheleinheiten – natürlich wohldosiert und im richtigen Moment.

waffnet mit einer Tüte fettiger Fleischwürfel, damit sich sein Hund auch ja für ihn interessiert. Das bleibt den Nasen der anderen Hunde natürlich nicht verborgen. Die finden die Fleischwürfel genauso bombastisch und dürfen automatisch an dem fettigen Segen teilhaben. Ob der jeweilige Besitzer das ebenso großartig findet wie sein Bello? Das kommt dem Fremdfütterer gar nicht erst in den Sinn. »Der darf doch was haben, oder?!«, wird nur der Form halber gefragt, während der Snack schon im Rachen des betroffenen Hundes verschwunden ist. Dann die Scheinentschuldigung: »Er hat doch so süß geguckt!« Dabei steckt man wildfremden Kindern doch auch nicht einfach so ein Stück Schokolade in den Mund.

Ignorieren die Fremdfütterer noch dazu die anderen Hunde, schaffen die tierischen Instinkte ein weiteres Problem, da die Hunde, die leer ausgingen, nun knurrend und zähnefletschend versuchen, das nächste Leckerchen zu ergattern. Doch auch dafür hat der Fremdfütterer eine Erklärung: »Alle Hunde lieben mich, und jetzt sind sie eifersüchtig!« Weit gefehlt – denn hier geht es keineswegs um menschliche Phänomene wie Liebe und Eifersucht: Der Leckerchensegen stachelt den Beutetrieb und das Konkurrenzverhalten der Hunde an, sodass es in der Folge zu schweren Beißereien kommen kann. Und zwei streitende Konkurrenten wird man kaum auseinanderbringen, indem man ihnen noch mehr Leckerchen hinwirft.

Wir Menschen neigen dazu, die Hunde, die wir lieben, genau so zu behandeln wie die Menschen, die wir lieben. Doch eben diese Vermenschlichung von Hunden, die oft schon ab dem Welpenalter beginnt, legt den Grundstein für viele Problemhundkarrieren. Obwohl ich jedem Hundehalter eindringlich davon abraten möchte, seinen Schützling wie einen Menschen zu behandeln, spiele ich den Ball gerne zurück und lasse Hunde »sprechen« oder übertrage typisches Fehlverhalten in der Mensch-Hund-Erziehung in überspitzter Form auf eine Mensch-Mensch-Beziehung. Ich habe nämlich die Erfahrung gemacht, dass meine Kunden die Wurzeln ihrer Probleme dann viel besser nachvollziehen und mit einem Schmunzeln besser abspeichern können. Stellen Sie sich folgendes Szenario vor: ein grün und blau geschlagenes Kind (Laura-Marie), 14 weitere Kinder im Kampf um Süßigkeiten und Spielzeug im Klassenzimmer, sechs Kinder auf dem Schulflur, ein verzweifelter Lehrer, der die Klasse nicht mehr im Griff hat. Zeitgleich führen die Eltern von Laura-Marie zu Hause folgende Unterhaltung: »Du, Schatz, ich glaube, es war eine gute Idee, unserem Kind das ganze Spielzeug und die vielen Süßigkeiten mit in die Schule zu geben«, sagt die Mutter. Schatz antwortet: »Stimmt! Gut, dass du Laura-Marie auch noch gesagt hast, dass sie immer schön laut mit der Tüte rascheln soll, damit ihre Klassekameraden auch wissen, was sie da Schönes mitgebracht hat!«

Heutzutage wird die Mehrzahl der Hunde in Deutschland schon im Welpenalter mit der Bestechung durch Leckerchen konfrontiert – und das teilweise mit kuriosen Auswüchsen. So erzählte mir kürzlich eine Welpenbesitzerin, dass sie in einer Hundeschule, die »hundepsychologisch« lehrt, dazu angehalten wurde, neben ihrem elf Wochen alten Welpen minutenlang in gebeugter Haltung herzulaufen und ihm dabei ein Stück Fleischwurst vor die Nase zu halten. Ziel: den Hund daran zu gewöhnen, »bei Fuß« zu laufen. Offen bleibt die Frage, ob die Hundebesitzer nach

Die Leckerchen-Lüge oder das Oma-Margarete-Prinzip

zehn Trainingseinheiten einen Gutschein für den Besuch in einer Physiotherapie-Praxis erhalten ...

Wie würde eigentlich ein Hund mit einem Hund umgehen? Keine Hundemutter würde ihren Welpen mit Leckerchen erziehen! Im Hunderudel sanktioniert der Ranghöhere den Rangniedrigeren körperlich, etwa durch einen kurzen (unblutigen!) Biss oder durch Drohgebärden (Knurren, Zähnezeigen). Den eigenen Hund in einen Leckerchen-Junkie zu verwandeln, ist also alles andere als artgerecht.

Mein Ansatz: Anstatt sich zum (rangniedrigeren) Leckerchen-Automaten zu degradieren, sollten Herrchen und Frauchen möglichst die Erziehung der Welpenmutter bzw. des Rudelführers kopieren. Dazu braucht es keine körperliche Gewalt (Schlagen Sie niemals Ihren Hund!), es reicht zum Beispiel ein kurzes Leinensignal aus dem Handgelenk, das den Biss des Erziehungsberechtigten simuliert (siehe Kapitel 3). Natürlich ist es angenehmer, dem Hund ein Leckerchen zu geben, als ihn mithilfe der Leine zurechtzuweisen. Deshalb vertrauen Blümchentrainer und Blümchenhundehalter oft auf die Bestechung mit Leckerchen. Der Grund dafür liegt im Sozialverhalten der Menschen: Wir wollen andere durch Liebe und Freundlichkeit überzeugen und an uns binden – und nur wenn es nicht anders geht durch Zurechtweisung. Aber: Der Hund ist kein Mensch und versteht das natürliche Sozialverhalten seiner Art deutlich besser. Keine Angst! Sie können das hündische Sozialverhalten auch dann simulieren, wenn Sie – wie die meisten Menschen – kein »Alphatier« sind und sich Ihren Mitmenschen gegenüber lieber nett und freundlich verhalten. Bei der in diesem Buch vorgestellten Trainingsphilosophie geht es weder darum, den Hund ständig zu unterwerfen, noch um auoritäre Machtausübung. Es geht lediglich darum, ihn freundschaftlich und gleichzeitig konsequent zu führen. Setzen Sie sich also nicht mit überhöhten Ansprüchen à la »Ich muss der Rudelführer sein« unter Druck. Es reicht, wenn Sie dem Hund gegenüber signalisieren, dass Sie der Ranghöhere sind. Erziehungsberechtigter, Vorgesetzter, Chef, Familienoberhaupt – es ist letztendlich egal, wie man es nennt, das Ziel bleibt das gleiche: derjenige zu sein, an dem sich der Hund orientieren kann und der ihm zeigt, wo es langgeht. Hunde brauchen das. Herrchen und Frauchen, die dem Hund alles durchgehen lassen bzw. in der Erziehung Slalom fahren (mal führen, mal den

Hund führen lassen, mal etwas erlauben, mal nicht), verwirren und verunsichern ihren Schützling.

In diesem Buch erfahren Sie, wie Sie durch eine gefestigte Stellung als Ranghöherer eine enge Bindung zu Ihrem Hund aufbauen und ihn auf sich fixieren. Ganz ohne Leckerchen. Die Tatsache, dass auch bei der Ausbildung von Blindenhunden in aller Regel komplett auf Leckerchen verzichtet wird, bestätigt diesen kalorienarmen Grundansatz. Schließlich ist bei Blindenhunden maximale Zuverlässigkeit das A und O. Oder haben Sie schon mal einen Blindenhund gesehen, der seinen Zweibeiner einfach so stehen lässt, um einen Artgenossen zu beschnüffeln oder sich einen weggeworfenen Burger zu schnappen?

Als ich drei oder vier Jahre alt war, kümmerte sich oft meine Oma Margarete um mich. Sie erklärte mir die Welt ruhig und geduldig. Manchmal trafen wir bei unseren Spaziergängen auf diese pelzigen Wesen, die hechelten und den Schwanz oft wie einen Propeller hin- und herbewegten. Das seien Hunde, erklärte mir Oma Margarete, ich müsse keine Angst vor Hunden haben, aber ich dürfe auf keinen Fall einen anfassen, wenn kein Erwachsener dabei sei. Auf diese Weise versuchte Oma Margarete, mir Respekt vor Hunden zu vermitteln, ohne mir Angst zu machen.

Genauso gut hätte sie mich auf diesen Spaziergängen auch mit einer Tüte Gummibärchen oder Bonbons ablenken können, immer in der Hoffnung, dass sie bereits durch das Rascheln der Tüte meine Aufmerksamkeit auf sich zieht. Sie hätte der Sorge, ich könnte beim Anblick eines »Wauwau« erschrecken oder – noch schlimmer – mich ihm aus Neugier nähern, immer wieder mit einem Bonbon vorbeugen können.

Zum Glück brauchte meine Oma Margarete keine Gummibärchen und Bonbons. Sie wollte mich nicht reflexartig ablenken. Sie wollte, dass ich durch Worte und Gesten verstehe und lerne. Wenn ich »Danke« zu ihr sagte, weil sie mir drei Groschen schenkte, wurde ich mit warmer Stimme gelobt. Und ich spürte ihre Hand, die meinen Kopf streichelte. Positive Verknüpfung – auch ohne Süßigkeiten.

Bei Unwetter stand Oma Margarete am geschlossenen Fenster und schaute hinaus. Ich hatte Angst, wenn es blitzte und donnerte. Doch meine Neugier und die Beobachtung, dass meiner Oma so nah am

Die Leckerchen-Lüge oder das Oma-Margarete-Prinzip

Fenster nichts Schlimmes passierte, zog mich mehr und mehr in ihre Nähe. Bei ihr angekommen, erklärte sie mir Blitz und Donner: Weil ich so schön »Danke« sagen könne, wolle mich der liebe Gott fotografieren, und dazu brauche er eben genügend Licht. Oder: Weil die Wolken sich schon mal uneinig seien, welche als Erste regnen dürfe, höre man sie am Himmel streiten.

Das klang logisch, also zuckte ich jedes Mal weniger zusammen, wenn es blitzte und donnerte, und mit der Zeit verflog meine Angst komplett. Oma Margaretes Gewitter-Erklärungen wirken sich bis heute aus: Ich gebe die Hoffnung nicht auf, unter freiem Himmel einen Blitz zu fotografieren. Ein Privileg. Andere sitzen während eines Unwetters in einer schallisolierten Kammer, müssen Gummibärchen oder Bonbons futtern und können diese Situation auch nicht diskutieren, weil das Rascheln von Omas Süßigkeitentüte alles übertönt.

Sie verstehen sicherlich, worauf ich mit meinem Oma-Margarete-Prinzip hinauswill: Die Gummibärchen und Bonbons, die meine Oma nicht benutzte, sind die Leckerchen, die heute schon in der Welpenerziehung fast standardmäßig als Ablenkungsmanöver zum Einsatz kommen. Menschen mit einem riesigen »Futterbeutel« voller Ablenkungsmanöver sind hilflos und einfallsarm.

Deshalb brauchen wir mehr Menschen, die engagiert und einfallsreich wie Oma Margarete sind, und weniger Leckerchen.

Kapitel 2
Populäre Erziehungsfehler vermeiden

Die Eingewöhnungsfalle

»Och, der ist doch noch sooo klein, da darf man doch mal eine Ausnahme machen, oder?« Sätze wie diesen höre ich in meinem Traineralltag immer wieder. Zugegeben: Es ist wirklich schwer, einem süßen kleinen Knäuel von Hund zu widerstehen, wenn er einen putzig anschaut. Man nimmt Rücksicht, entschuldigt vieles, lässt den neuen Mitbewohner gewähren – und steckt ihm obendrein hier und da ein Leckerchen zu. Durchaus verständlich – und doch ein Fehler! Konsequente Hundeerziehung kennt keine Ausnahmen. Das gilt nicht nur in Sachen Leckerchen-Bestechung.

Wenn ein Welpe permanent fiept, heißt es zum Beispiel oft: »Ach, lass ihn doch erst mal zwei bis drei Wochen machen, was er will! Der Kleine vermisst bestimmt seine Mutter. Und schwupps! – sitzt der Fiepser auf dem Schoß oder auf dem Sofa. »Ist ja gut, wir sind bei dir.« Wenn Sie das öfter machen, haben Sie den Salat, denn Ihr Welpe wird fortan immer wieder fiepen – bis Sie ihn auf den Schoß lassen. Das gleiche Muster zieht er dann auch in anderen Situationen durch. Die Folge: Sein Verhalten wird konditioniert. Im schlimmsten Fall fiept Ihr Hund später immer, wenn er etwas machen oder haben möchte, aber nicht zu seinem »Recht« kommt. Das Essen steht auf dem Tisch? Will ich haben, also fiepe ich. Ein anderer Hund bellt vor der Tür? Ich will raus und mit ihm spielen, also fiepe ich. Ich soll im Restaurant unter dem Tisch liegen? Frauchens Schoß ist viel bequemer, also fiepe ich. Und so weiter. Jetzt ist klar, warum es für einen Welpen, egal wie süß, verlassen oder traurig er aussehen mag, keine mehrtägige oder gar mehrwöchige »Eingewöhnungsphase« geben darf, oder? Das gleiche gilt übrigens auch, wenn Sie einen Hund aufnehmen, der das Welpen- oder Junghundalter bereits hinter sich hat. Schon ab dem ersten Tag im neuen Zuhause stellen Sie die Weichen für das spätere Zusammenleben.

»Der Kleine darf doch mal aufs Sofa!« – Diese Ausnahme kann schnell zur unliebsamen Gewohnheit werden

Beim kleinen Hund ist es noch niedlich, doch er wird auch später jeden Schuh für ein Kauspielzeug halten

Populäre Erziehungsfehler vermeiden

Leider legen Hundehalter gerade in dieser »Eingewöhnungsphase« oft den Grundstein für Unarten, die sich später nur schwer korrigieren lassen. Ein kleiner Welpe, der Besucher freudig anspringt, wird von den meisten als süß empfunden. Also speichert der kleine Hund: Alle Menschen, die uns besuchen, finden es toll, wenn ich sie anspringe. Wenn derselbe Hund nur ein paar Monate später und um etliches gewachsen auf die Besucher zuspringt, stößt er in der Regel auf wenig Begeisterung – und muss das erst mal verarbeiten.

Ich vergleiche das mit einer Computer-Festplatte: Das unerwünschte Hundeverhalten wird gespeichert. Zu einem späteren Zeitpunkt kann man es nicht mehr löschen, sondern nur noch überschreiben. Allerdings ist dieses Überschreiben für den Halter meist mit viel Arbeit, Konsequenz und Disziplin (und gegebenenfalls hohen Kosten für einen Hundetrainer) verbunden. Insofern bekommen meine Kunden auf die häufig gestellte Frage »Kriegt man dieses Verhalten wieder weg?« folgende Antwort: »Wegkriegen geht nicht, kontrollieren schon.«

> **IRRTUM NR. 4:**
> **»Mein Welpe bzw. neuer Hund muss sich erst mal eingewöhnen.«**
> Falsch! Wer in den ersten Tagen und Wochen gut gemeinte, aber falsch verstandene »Rücksicht« auf seinen Hund nimmt, wird später dafür bezahlen. Unerwünschtes Verhalten muss vom ersten Tag konsequent unterbunden werden. Gleichzeitig sollten Sie Ihren Hund (ohne Leckerchen!) mit lobender Stimme und durch Streicheleinheiten belohnen, wenn er sich richtig verhält. So schaffen Sie mit klaren Grenzen die Basis für ein funktionierendes Hund-Halter-Team.

Ihre Aufgabe, wenn ein Welpe ins Haus kommt: Kontern Sie so »sachlich«, wie es auch eine Hundemutter machen würde – selbst wenn der Hund anfangs nach seinem alten Umfeld, sprich dem Rudel mit seinen Eltern und Geschwistern, ruft und fiept und jault. Denn von nun an zählt für ihn sein neues Umfeld – und in dem sind Sie die Hundemutter bzw. der Rudelführer. Unerwünschtes Verhalten sollten Sie von Anfang an konsequent (sprich: immer!) korrigieren, erwünschtes Verhalten sollten Sie durch positive Verstärkung belohnen. Loben Sie Ihren Hund in ruhiger und freundlicher Stimmlage und streicheln Sie ihn (keine Leckerchen!). Was ist dem Hund in der Wohnung erlaubt, was nicht? Auch in dieser Frage sollten Sie eine klare Linie fahren, denn ein Schlingerkurs verwirrt Ihren Hund.

> **EXTRA-TIPP:**
> **Sich zum Kasper machen!**
> Vor allem männliche Hundebesitzer, aber auch »dominante« Hundehalterinnen kommen sich bei dem künstlichen »Vor-Freude-Ausflippen« oft ziemlich blöd vor. Es ist ihnen peinlich, ihre Stimme in unnatürlich hohe Lagen anzuheben, und sie wollen sich nicht zum »Kasper« machen. Aber das gehört zum Hundetraining dazu – also bitte überwinden! Hunde können sich zwar einfache Wörter merken und sie mit etwas verknüpfen, aber sie achten zugleich sehr genau darauf, wie man sie ausspricht. So würde der Hund ein tiefes, scharfes, knappes und lautes »Fein!« vollkommen entgegengesetzt auffassen, während ein erfreutes, sanftes und lang gezogenes »Aus!« oder »Pfui!« eher positiv ankäme. Will sagen: Wer richtig betont, erzieht besser und schneller.

Wo wir gerade beim Loben sind: Unter Hunden wird nicht gelobt, sondern bei Fehlverhalten sanktioniert. Schließlich kann ein Hund den anderen schlecht kraulen, streicheln oder nette Worte sagen. Zurechtweisen funktioniert dagegen immer. Durch unsere Fähigkeit zu streicheln, zu kraulen und wohlklingende Worte zu bilden, haben wir im Vergleich zur Hundemutter also einen Vorteil. Körperliche und verbale Streicheleinheiten setzen bei einem Hund nämlich genauso wie beim Menschen die sogenannten Glückshormone frei. Hunde genießen diese Behandlung sehr, werden schnell »süchtig« danach und fordern die Streicheleinheiten sogar ein. Gehen Sie aber nicht auf solche Forderungen ein, sondern entscheiden Sie selbst, wann Sie Ihren Hund streicheln wollen. So können Sie die Streicheleinheiten gezielt als »Bezahlung« für erwünschtes Verhalten in die Erziehung einbringen – angemessen dosiert und optimal getimt (was genauso für Korrekturen gilt!). Zu spätes Lob bringt gar nichts, denn der Hund kann es schon nach einigen Sekunden nicht mehr mit der Situation verknüpfen. Im Zweifelsfall gilt deshalb: Lieber ein Lob zu wenig als eines zu viel.

Ich erlebe oft, dass Hundehalter überfordert sind, wenn sie mehrere aufeinanderfolgende Kommandos geben müssen. Sie fragen sich beispielsweise: Was mache ich, wenn ich meinen Hund, der gerade frei auf der Wiese rumläuft, mit einem »Nein« korrigiert habe und ihn danach mit einem »Hier« zu mir rufe? Dass nach einer Korrektur nicht gelobt wird, wissen die meisten (siehe S. 101). Und dass man den Hund, der auf ein »Hier«-Kommando zu einem kommt, loben soll, ist den meisten ebenfalls klar. Aber wie reagiert man, wenn beide Situationen unmittelbar aufeinander folgen? Mein Rat: Nicht loben, so sind Sie auf der sicheren Seite und verhindern, dass Ihr Hund das Lob falsch, also mit dem »Nein« oder »Aus« statt mit dem »Hier« verknüpft.

Die Hundespielzeug-Schwemme

Was können Sie im ersten Lebensjahr sonst noch für Ihren Welpen bzw. Junghund tun, um es Oma Margarete nachzumachen und nicht hilflos und einfallsarm zu sein? Beschäftigen Sie sich intensiv mit ihm, ohne es zu übertreiben. Gemeinsames Spielen ist so lange sinnvoll, wie Sie dem Kleinen danach auch die nötige Ruhe geben. Sonst besteht die Gefahr, dass Sie den Hund zu sehr »anschubsen«.

Natürlich sollte man im Sinne eines gesunden Ausgleichs zwischen Spielen und Ruhen je nach Hund und Rasse unterschiedliche Maßstäbe anlegen. Jagdhunde etwa brauchen mehr »Action« als eher phlegmatische Rassen wie Labrador, Neufundländer oder Berner Sennenhund.

Auf jeden Fall sollten Sie im ersten Hundejahr eine ruhige Basis schaffen. Immer wieder erlebe ich Halter, die ihre Hunde, insbesondere Welpen, so mit Spielzeug eindecken, dass diese gar nicht mehr wissen, woran sie zuerst schnüffeln sollen. Auch in dieser Hinsicht hat der Markt wie bei den Leckerchen in den vergangenen zehn bis 20 Jahren einen riesigen Sprung gemacht: Mit Hundebedarfsartikeln wie Spielzeug und Kleidung werden jährlich rund 155 Millionen Euro umgesetzt (Quelle: Gesellschaft für Konsumforschung/GfK).

Angesichts dieser Angebotsvielfalt mag bei vielen Haltern der Eindruck entstehen, ihrem Hund ganz viele tolle Spielzeuge kaufen zu müssen. Müssen Sie nicht! Denn der wichtigste Spielpartner für den Hund sind Sie – und nicht irgendein nach Kunststoff stinkendes Spielzeug aus dem Tier-Discounter.

IRRTUM NR. 5
»Um meinen Hund optimal auszulasten, benötige ich Hundespielzeug.«

Falsch! Meistens handelt es sich um sogenannte Zerr- und Reißspielzeuge, etwa Seile oder Ringe, die in vielen Tiermärkten angeboten werden und im schlimmsten Fall beim Zubeißen auch noch Quietschgeräusche von sich geben. (Es gibt sogar Quietschis, die wie ein Baby klingen!) Ich rate von diesen Spielzeugen ab, da sie das Tier in seiner Beutemotivation bestärken. Viele Hunde sind nicht in der Lage, zwischen einem solchen Spielzeug und einem Schuh, einer Tasche oder sogar dem Ärmel eines Kindes zu unterscheiden. Unterlassen Sie daher Zerrspiele: der Hund wird so lange an dem Gegenstand ziehen, bis er ihn bekommt, um als »Sieger« aus der Situation hervorzugehen. Die Gefahr ist also nicht zu unterschätzen! Ausnahme: Bei der Schutzhundausbildung arbeitet man mit dieser Form des Trainings. Natürlich spricht nichts dagegen, wenn Sie Ihren Hund hin und wieder einen Ball apportieren lassen. Aber es sollte klar sein, dass das Interesse des Hundes in erster Linie Ihnen gelten soll – und nicht dem Spielzeug. Auf keinen Fall sollten Sie Gummispielzeug herumliegen lassen: Wenn der Hund es zerkaut und Teile davon verschluckt, verhärtet es sich womöglich durch die Magensäure und kann nicht mehr ausgeschieden werden. Im schlimmsten Fall ist eine Operation nötig.

Einmal habe ich bei einer Kundin sage und schreibe 57 Spielzeuge gezählt, die ihr Jack-Russel-Welpe Tag für Tag in der gesamten Wohnung verteilte, sodass Frauchen permanent damit beschäftigt war, alle Spielzeuge brav wieder zurück ins Körbchen zu bringen. Wer erzieht hier wen? Wenn Sie

Ihrem Hund freien Zugriff auf sämtliche Spielzeuge gewähren und sie ihm auch noch zurück in den Korb, also in sein Territorium, tragen, vermitteln Sie ihm sicherlich nicht den Eindruck eines Ranghöheren.

Damit keine Missverständnisse aufkommen: Ich plädiere keineswegs für ein Spielzeugverbot. Ein bis zwei Teile sind völlig okay, solange es keine Zerr- und Reißspielzeuge oder »Quietschis« sind. Quietschis kann ich nicht empfehlen, weil ihre Geräusche den Beißtrieb des Hundes so anstacheln und konditionieren können, dass er beim Spielen mit anderen Hunden deren Schmerzquietschen und das Signal »Ey, das tut weh, ich ergebe mich« nicht mehr wahrnimmt. Quietschi-konditionierte Hunde können deshalb auch für Kinder gefährlich sein.

> **EXTRA-TIPP:**
> **Ein Holzknochen aus Buchenholz zum Spielen!**
> Am besten ist es, wenn Sie Ihrem Hund schon im Welpenalter einen Knochen aus Buchenholz anbieten (im Handel auch Apportierholz genannt). Dann hat er ein Spielzeug, das sowohl sicher ist (meine Erfahrung: durch Speichel benetztes Buchenholz splittert nicht) als auch (wie bei Kindern) als eine Art Beißring gegen Schmerzen beim Zahnwuchs fungiert. Und wenn Sie den Holzknochen dann auch noch regelmäßig mit Ihrem Speichel benetzen, speichert der Hund bei Zahnweh eine angenehme Verknüpfung nach dem Motto »Dieses Teil riecht nach Herrchen oder Frauchen, es tut mir gut und es ist immer da«. Der Holzknochen wird somit zu einem »Bindungssymbol« zwischen Ihnen und Ihrem Hund und kann diesem während Ihrer Abwesenheit über Verlustängste hinweghelfen. Sicher nicht jedermanns Sache, aber eine hilfreiche Methode bei knabberfreudigen Hunden: Reiben Sie mit dem Holzknochen, wenn Sie geschwitzt haben (zum Beispiel nach dem Joggen), an Ihren Füßen – dann wird Ihr Hund sich in Zukunft von Ihren Schuhen fernhalten.

Dann lieber stumme Bälle oder segelnde Hunde-Frisbees. Allerdings sollten auch diese nur in Maßen zum Einsatz kommen, sonst besteht die Gefahr, dass Ihr Hund – seinem Jagdinstinkt folgend – zum Ball- oder Frisbee-Junkie wird und ständig Zoff mit Artgenossen hat, weil er sein Spielzeug verteidigen will. Und ganz wichtig: Direkt nach dem Spielen sollten all diese Spielzeuge wieder in der Schublade verschwinden, damit sie etwas Besonderes bleiben. Sie kennen das doch aus Ihrem eigenen Leben: Etwas, das permanent verfügbar ist, verliert schneller seinen Reiz als etwas, das man nur gelegentlich und im besten Fall in immer neuen Variationen erleben kann. Die einzige Ausnahme und meine besondere Empfehlung: ein Holzknochen.

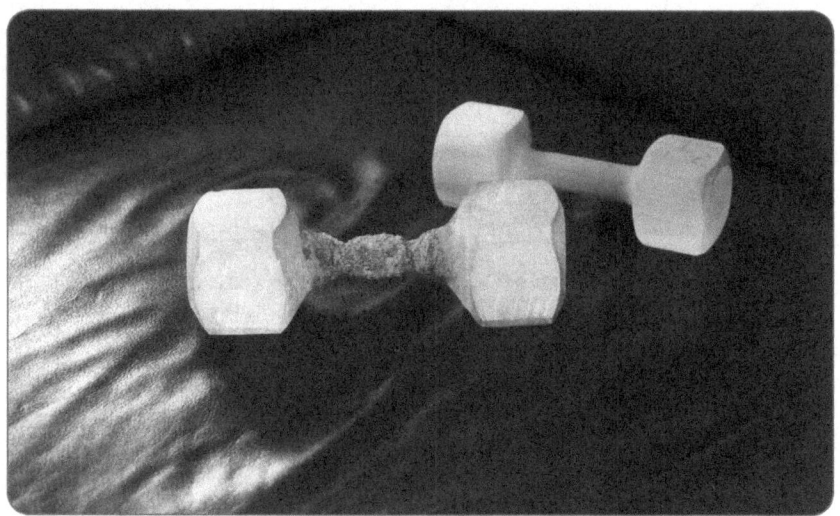

Ein Buchenholzknochen kann auch ein sehr gutes Spielzeug sein

Natürlich ist es bequemer, dem Hund ein Dutzend Spielzeuge ins Körbchen zu legen und sich selbst zu überlassen, als sich intensiv mit ihm zu beschäftigen. Doch Sie lesen dieses Buch ja nicht, weil Sie faul und bequem sein wollen, sondern weil Ihnen Ihr Hund am Herzen liegt.

Am besten beschäftigen Sie Ihren Welpen so natürlich wie möglich. Lassen sie ihn an Ihrem Gesicht schnüffeln, halten Sie ihm eine Hand hin, damit er seine Beißkraft ausprobieren kann und lernt, sie richtig zu dosieren. Kinder greifen mit den Händen, ein Hund hat nur sein Maul. Zeigen Sie ihm dabei auch die Grenzen, wenn er zu stark zuzwickt. Im Freien kann der Hund zum Beispiel im Laub schnüffeln oder über einen Baumstamm krabbeln. Die Welt ist für einen kleinen Welpen so unendlich groß, dass er alle zwei Meter etwas Spannendes entdeckt.

Beobachten Sie auch, welche Körperhaltung Ihr Hund beim Spiel mit Artgenossen einnimmt. Wenn er sich zum Beispiel gerne in die Flanke oder an den Hals greifen lässt, können Sie diese Vorliebe nutzen, um Ihren Hund zu animieren. Bellt Ihr Hund beim Spielen, dann merken Sie sich seinen »Tonfall«. Auf diese Weise können Sie ihn zu einem späteren Zeitpunkt mit einem Laut oder einem Wort in ebendiesem »Tonfall« zum Spielen einladen.

Ab und zu darf der Hund gerne ein Stöckchen apportieren

Natürlich reichen Zweibeiner alleine nicht. Es gehört außerdem dazu, dass Ihr Hund draußen – wenn erlaubt auch ohne Leine – auf andere Hunde trifft. Es kann sicherlich nicht schaden, ihn zu einer Welpengruppe in einer Hundeschule anzumelden – sofern er dort nicht durch Blümchentraining mithilfe von Leckerchen (v)erzogen wird und darüber hinaus auch Kontakt zu erwachsenen und somit ranghöheren Hunden hat, die ihn daran gewöhnen, zurechtgewiesen zu werden. Sie können Ihren Kleinen aber auch genauso gut auf jeder x-beliebigen Hundewiese in die »Vorschule« schicken. Einem Hund es ist egal, wo er seine Erfahrungen macht. Der Kontakt sollte allerdings möglichst kontrolliert (zunächst an der Leine und auf einem übersichtlichen Gelände) und nur mit sozialen Hunden stattfinden.

Die »Zu schnell auf Du und Du«-Falle

Der kleine Yorkshireterrier Jerry thront auf dem Sofa. Als Familie Schneider Besuch bekommt, der es sich neben Jerry gemütlich machen will, fletscht seine Majestät die Zähne. Klare Ansage: »Das ist (mittlerweile) mein Reich! Da versteht es sich wohl von selbst, dass ich bestimme, wer sich hier hinsetzen darf und wer nicht! Du nicht, Fremder!« So sieht der Familienalltag der Schneiders aus. Ein Bild, das zunächst zum Schmunzeln verleitet – aber nur, weil King Jerry so putzig aussieht, wenn er sich die Krone aufsetzt und einen auf Rudelführer macht. Spätestens wenn der mühsam vom Sofa vertriebene Jerry nach der Verabschiedung des Besuchs ebendieses Sofa markiert, um erneut seine Herrschaft zu demonstrieren, schmunzelt keiner mehr. Und wäre Jerry ein Bullterrier oder ein Schäferhund, würde ohnehin niemand über ihn lachen.

Ich habe solche Fälle schon häufig erlebt und kann Ihnen daher nur empfehlen: Egal wie klein oder groß Ihr Hund ist, er darf auf keinen Fall »Feldherrenplätze« allein für sich beanspruchen und verteidigen. Sonst geht es Ihnen so wie Jerrys verzweifelten Besitzern: Sie tappen in die »Zu schnell auf Du und Du«-Falle. Nach dem Motto »Wenn man sich einmal duzt, kann man sich nicht plötzlich wieder siezen«. Und genau deshalb sollte man seinen Hund nicht leichtfertig aufs Sofa, also auf die gleiche Ebene holen (auch nicht mit der Hundedecke!). Selbst wenn es »nur« ein kleiner Welpe ist, der einen aus seinen Kulleraugen so süß, unschuldig und verloren anschaut.

Natürlich wird nicht jeder Hund automatisch ein derart extremes Territorialverhalten wie Jerry zeigen, wenn er auf der Couch oder gar im Bett liegen darf. Letztendlich müssen Sie Ihren Hund im Laufe der Zeit so gut wie möglich kennenlernen und selbst entscheiden, wie viel Freiheit Sie ihm in der Wohnung gewähren, ohne Ihre Chef-Position bzw. Ihren Status als Rudelführer zu gefährden. Neigt Ihr Hund, wie Jerry, zu dominantem Verhalten? Dann gilt in Bezug auf Sofa und Co. die Null-Toleranz-Strategie, sonst wird es im Alltag gefährlich – sowohl für Menschen als auch für andere Hunde. Denn Ihr Hund wird seine Territorial-Allüren nicht nur auf dem Sofa, sondern auch unter freiem Himmel ausleben. Oder ist Ihr Hund ein eher ruhiger Vertreter ohne Dominanz-Allüren? Wenn die Hie-

> **EXTRA-TIPP:**
> **Zukunftsorientiert auslasten und erziehen!**
> Ein Hundehalter hat einen hyperaktiven Hund, der weder allein zu Hause bleiben noch zwischendurch im Körbchen ruhen will. Was ist passiert? Der Mann hat sich den Hund zugelegt, als er gerade keine Arbeit hatte, und ihn an rund vier bis fünf Stunden Spiel und Auslauf pro Tag gewöhnt. Der Hund war tagsüber fast nie allein und wurde permanent bespaßt. Nun hat Herrchen einen neuen Job gefunden – und muss den Aktivitätsdrang seines Hundes wieder auf ein normales Maß herunterfahren. Besser wäre gewesen, vorausschauend auf die neue Lebenssituation zu trainieren, ohne dass der Hund zu kurz kommt. Dann fiele die Anpassung an den neuen Rhythmus viel leichter. Solche und ähnliche Fälle treten in der heutigen, auf viel Flexibilität ausgerichteten Arbeitswelt immer öfter auf: Wer umzieht, sollte sich daher schon lange vorher Gedanken machen, wie der Hund mit dem neuen Umfeld klarkommen wird, und ihn gegebenenfalls vorbereiten. Generell gilt dabei: Mehr Raum und Auslauf ist kein Problem, weniger meistens schon. Will ich von einer Wohnung mit Garten auf dem Land in eine Stadtwohnung im vierten Stock ziehen, muss ich mir Gedanken machen – andersherum nicht. Und wenn ich plötzlich viel mehr arbeiten muss als vorher, habe ich immer noch die Möglichkeit, meinen Hund mehrere Stunden pro Tag bei einem Dogsitter abzugeben.

rarchie zu Ihren Gunsten geklärt ist, spricht im Grunde genommen nichts dagegen, dass er es sich auch mal »auf Du und Du« neben Ihnen bequem machen darf. Gerade während der Erziehung von Welpen und gerade aufgenommenen Hunden rate ich aber definitiv dazu, auf Nummer sicher zu gehen: Vermeiden Sie alles, was ein King-Jerry-Verhalten begünstigen könnte – umso mehr, wenn in den kommenden Jahren menschlicher Nachwuchs geplant ist (siehe S. 58).

Übrigens: Jerry setzt sich nicht nur zu Hause die Krone auf, sondern auch, wenn er mit Frauchen auf deren Schoß im Bushaltestellenhäuschen wartet. Oder wenn er auf der Picknickdecke im Park liegt. King Jerry muss schließlich nicht nur seine Untertanen, sondern auch noch deren Proviant, sprich seine Beute, verteidigen. Ich wiederhole es noch mal: Stellen Sie sich vor, Jerry wäre kein Yorkshireterrier, sondern ein größeres Kaliber, und ein kleines Kind, das einem Ball hinterherrennt, käme der Picknickdecke zu nahe ...

Wo wir gerade von Picknick sprechen: Würde ein Hund sein Fressen mit auf die Hundewiese nehmen, wenn er denn könnte? Ganz sicher nicht! Wer mit seinem Hund in der Öffentlichkeit (im Park, auf einer Wiese, im Wald etc.) picknickt, bringt ihn in eine Lage, die dem Hundeinstinkt widerstrebt. Kein Hund würde der vierbeinigen Konkurrenz freiwillig seine Beute präsentieren. Wenn Ihr Hund sprechen könnte, würde er sagen: »Lass uns in Ruhe zu Hause fressen – und dann 'ne Runde laufen gehen.« Für Ihren Hund ist die Open-Air-Mahlzeit in der Öffentlichkeit eine mit Stress verbundene Provokation. Ständig muss er auf der Hut sein, ob sich Artgenossen oder Zweibeiner dem Territorium (der Picknickdecke) nähern, weil sie scharf auf seine Beute (sprich: das Picknick) sind. Das heißt natürlich nicht, dass es dabei immer zum Eklat kommen muss – aber die Gefahr besteht. Je dominanter und somit angriffslustiger und verteidigungsfreudiger der Hund, desto wahrscheinlicher.

Das »Den Hund Hund sein lassen«-Märchen

»Bei mir soll der Hund Hund sein dürfen.« Das hört sich toll an, aber wie soll's funktionieren? Haben Sie schon einmal davon gehört, dass in einem wilden Hunderudel das Ordnungsamt die Anleinpflicht kontrolliert? Oder dass dort der Briefträger vorbeikommt? Ich weiß nicht, ob dieses Märchen vom Hund, den man Hund sein lassen muss, ein »artgerecht« (v)erziehender Blümchentrainer oder ein Halter aufgrund gut gemeinter, aber falsch verstandener Hundeliebe erfunden hat. Auf jeden Fall steckt hinter diesem Satz der Wunsch, dass der Hund in seinem Alltag nicht zu stark eingeschränkt werden soll. In meinem Traineralltag begegnet mir dieses Denken immer wieder. Besonders oft höre ich diesen Satz, sobald ich die Wohnung eines Kunden das erste Mal betrete: »Herr Lenzen, nur damit Sie Bescheid wissen – bei uns soll der Hund Hund sein dürfen.« Ich kontere dann mit Gegenfragen, um meinem Gegenüber freundlich, aber bestimmt klarzumachen, dass sein Liebling im Alltag bereits unzähligen Einschränkungen unterworfen ist, die ihn eben nicht Hund sein lassen. Zum Beispiel: »Warum sperren Sie Ihren Hund in der Wohnung ein, anstatt ihn frei draußen herumlaufen zu lassen?« Oder: »Warum lassen Sie ihn nicht im Garten Katzen oder im Park Kaninchen jagen?« Den Hund Hund sein lassen, würde in der Tat bedeuten, ihm einen Freifahrtschein auszustellen, mit dem er seinen Instinkten folgen kann. Er dürfte seinem Halter das Essen vom Tisch klauen – denn er hat nun mal Hunger. Er dürfte sein kleines Geschäft auf der Fußmatte des Nachbarn verrichten – denn er muss nun mal gerade jetzt und in diesem Moment sein Revier markieren. Er dürfte Besucher anbellen und angreifen, die das Haus betreten – denn es ist nun mal sein Territorium.

IRRTUM NR. 6:
»Bei mir soll der Hund Hund sein.«
Falsch! In freier Natur gibt's kein Ordnungsamt, keine Briefträger und keine Anleinpflicht. Es ist unmöglich, einen Haushund »Hund sein« zu lassen«, sprich: ihn allein seinen (Jagd-)Instinkten zu überlassen. Denn so ein Verhalten ist mit unserem modernen Alltag nicht kompatibel.
Außerdem ist jeder Hund ohnehin unzähligen Einschränkungen bzw. in der Hundewelt nicht existenten Mensch-hilft-Hund-Maßnahmen unterworfen, die dem Halter oft gar nicht als solche bewusst sind – von der Leine über die Fellbürste und das Trimmmesser bis hin zum Zeckenschutz.

Auch in hygienischer Hinsicht brächte die Prämisse »Bei mir soll der Hund Hund sein« – konsequent umgesetzt – einige Probleme mit sich. Die meisten Hundehalter verabreichen ihren Vierbeinern Anti-Floh-Mittel und drehen Zecken mit Spezialwerkzeugen heraus. Manche trimmen den Hunden auch das Fell oder putzen ihnen die Zähne. Und wenn ein Hund sich in den Exkrementen eines Schafes oder auf dem Kadaver eines

Karnickels gewälzt hat, um sich ganz im Sinne seines Jagd-Urtriebs ein natürliches Tarnparfüm aufzulegen, findet das kein Mensch besonders betörend. Darf der Hund das? Soll er das? Wenn er könnte, würde er instinktiv mit »Ja« antworten, wir Menschen hingegen in aller Selbstverständlichkeit und aus unserer Sicht zu Recht mit »Nein«. Und genau aus diesem Grund kann man im Zusammenleben mit Menschen einen Hund nicht Hund sein lassen. Weil es in der Regel dem Hund nicht guttut und für den Menschen unangenehme, womöglich übel riechende und im schlimmsten Fall lebensgefährliche Situationen entstehen.

Stellen Sie sich einen Jagdhund vor, der einem Reh bzw. seinem Beutetrieb folgend die A3 überquert! Dabei will er doch bloß Hund sein ... Wie immer bestätigen Ausnahmen die Regel: Wenn etwa ein Border Collie nicht als Haus-, sondern als Arbeitshund eingesetzt wird, muss er sogar »Hund sein«, um mithilfe seiner Urinstinkte eine Schafherde zusammenzuhalten.

Bleibt festzuhalten: Wer seinen Hund im Alltag so wenig wie nötig einschränken möchte, sollte ihn so gut wie möglich erziehen. Denn ein gut erzogener Hund hat natürlich mehr Freiheiten als einer, den der Halter nicht im Griff hat und der deshalb ständig angeleint ist, bei Besuch weggesperrt und bei Ausflügen selten mitgenommen wird.

Meistens höre ich das »Bei mir soll der Hund Hund sein«-Märchen in Kombination mit einem äußerst populären Irrtum. Dazu ein Beispiel: Ich komme zu einem Kunden, der Probleme mit seinem Schäferhund Henry hat. Henry springt Besucher an, deshalb hat die Familie, seit er aus dem Welpenalter raus ist, kaum noch Besuch. Vor allem Henrys Herrchen macht sich deshalb Sorgen – und zwar wesentlich mehr um seinen Schützling als um seine Freunde: »Wir möchten auf keinen Fall seinen Willen brechen!« Ich bitte ihn, Henry »Sitz« machen zu lassen. »Sitz!« – Henry gehorcht. Herrchen ist stolz, und ich rufe mit gespieltem Entsetzen aus: »Verdammt, jetzt ist es passiert! Was haben Sie nur getan! Der Hund wollte eigentlich stehen bleiben, und Sie haben durch das Kommando ›Sitz!‹ seinen Willen gebrochen.« Herrchen und Frauchen gucken mich schmunzelnd an. Ich führe meine spielerische und lieb gemeinte Provokation fort: »Und das ist noch nicht alles: Sie haben seinen Willen ja schon viel früher gebrochen. Wäre es nach Henrys Willen gegangen, wäre er

Populäre Erziehungsfehler vermeiden

Wenn man den Hund Hund sein lässt ...

sicher viel lieber bei seinen Eltern und seinen Geschwistern geblieben. Doch Sie haben ihn für 1000 Euro zu sich geholt und seine Familienidylle zerstört.« Herrchen und Frauchen lachen – und verstehen.

Nur schwerhörige Hunde brauchen eine laute Ansprache

Sie sollten bei der Erziehung Ihres Hundes immer bedenken, dass Ihr Tier auf drei Ebenen erreicht werden kann: Geruch, Akustik, Körpersprache. Geruchstechnisch können Sie eher weniger auf Ihren Hund einwirken. Er ist aber sehr wohl in der Lage, viele Ihrer Gesten und Stimmungen wahrzunehmen. Daher sollten Sie im Umgang mit Ihrem Tier sehr sorgsam sein. Ihre Gesten (Sichtzeichen) und Ihre Stimme (Hörzeichen) müssen bei der Kommunikation übereinstimmen, sonst ist der Hund verwirrt und reagiert anders, als Sie es erwarten. Ein Beispiel: Bei dem Kommando »Ab!«, das dem Hund signalisiert, dass er sich entfernen bzw. Abstand halten muss, sollte Ihr Tonfall bestimmend sein und die Bewegung Ihrer Hand weist von Ihnen weg. Das Tier muss die Ernsthaftigkeit Ihrer Aufforderung verstehen. Anders ist die Situation beim gemeinsamen Spiel. Wenn Sie Ihren Hund in forschem Tonfall mit »Such!« oder »Hol's!« auffordern, einen Ball zu apportieren, weil er ins Wasser gefallen ist und abzutreiben droht, und dabei auch noch mit dem Zeigefinger in Richtung Ball zeigen (was der »Ab!«-Geste ähnelt!), könnte der Hund eine falsche Verknüpfung herstellen, unterwürfig reagieren und den Ball nicht holen. Stehen Sicht- und Hörzeichen nicht im Einklang, vermischen sich in der Wahrnehmung des Hundes »Spiel« und »Drohgebärden«.

»Ein Hund, der wiederholt nicht auf ein Kommando reagiert, muss mit erhobener Stimme zur Räson gebracht werden.« Diesem weitverbreiteten Irrtum begegne ich gerne mit folgendem Satz: »Wenn der Hund nicht hört, sollten Sie schnell mit ihm zum Tierarzt gehen!« Oder anders formuliert: Wenn Ihr Hund Sie nicht versteht, müssen Sie konsequenter trainieren oder einen guten Trainer aufsuchen. Es ist vollkommen unnötig, Hörzeichen mit erhobener Stimme zu geben oder sogar zu schreien; nicht selten offenbart ein solches Verhalten eine mit Unwissen gepaarte Hilflosigkeit.

Ein Hund hört viel besser als ein Mensch, das sollte man ausnutzen. Man muss ihn deshalb, wenn er einem Hörzeichen auch nach zwei Wiederholungen nicht folgt, keineswegs ins »Platz!« oder »Sitz!« schreien. Das mag im einen oder anderen Fall durchaus funktionieren, weil ein Hund, der von klein auf ans »Anschreien« gewöhnt ist, darauf in der Tat zuverlässiger reagiert als auf eine normale Ansprache. Viel besser und konsequenter ist es jedoch, den widerspenstigen Hund (wie ab S. 71 ff. beschrieben) mit zusätzlicher Hilfe von Hand und/oder Leine dazu zu bringen, dass er das Kommando ausführt – und in der Folge so gut zu trainieren, dass künftig das akustische Signal ausreicht. Das können übrigens Frauen genauso gut erreichen wie Männer, auch wenn sich hartnäckig das Vorurteil hält, Hunde würden besser auf Männer hören, weil ihre Stimme tiefer und somit autoritärer ist. Wenn dem wirklich so wäre, dürfte es auch keine Polizeihundeführerinnen geben, die ihre Tiere perfekt im Griff haben – ebenso wenig wie gute Hundetrainerinnen. Die gibt es aber doch.

Wie sensibel Hunde auf akustische Feinheiten und »Zwischentöne« reagieren, zeigt folgende Anekdote, die ich bei einem Spaziergang am Niederrhein erlebt habe: Eine Frau steht am Rande eines Maisfeldes und ruft ihren offenbar im Mais-Dschungel untergetauchten Hund: »Poldy! Pooldyyy!« Je länger Poldy verschwunden bleibt, desto verzweifelter wird Frauchen, deshalb ruft sie seinen Namen immer lauter. Bis sie schließlich schreit. Keine Reaktion, kein Poldy. Ich erlaube mir, die Frau anzusprechen, und rate ihr: »Gehen Sie doch einfach 30 Meter weg vom Maisfeld und rufen Sie noch einmal in ganz normaler Lautstärke nach Ihrem Hund!« Die Frau guckt skeptisch, aber dann folgt sie meinem Rat. Und siehe da: Schon nach dem zweiten »Poldy« in normaler Lautstärke und aus größerer Entfernung springt der Ausreißer aus dem Maisfeld und läuft zu Frauchen. Warum? Weil er die ganze Zeit genau registriert, dass Frauchen in der Nähe und jederzeit erreichbar ist. Doch als er Frauchens Stimme plötzlich abseits des Maisfelds in größerer Entfernung verortet, schließt er daraus, dass sie im Begriff ist, den Ort des Geschehens zu verlassen – und will ihr folgen.

IRRTUM NR. 7
»Mein Hund hört nur auf mich, wenn ich laut bin.«
Falsch! Wer seinen Hund konsequent erzieht, kommt bei »Sitz!«, »Platz!«, »Hier!« und anderen Kommandos mit ganz normaler Stimmlage aus. Konsequent sein bedeutet, dass der Hund schon nach dem ersten Nichtbefolgen eines Hörzeichens mithilfe der Leine oder der Hand entsprechend korrigiert wird – so lange, bis er auf das Hörzeichen zuverlässig reagiert. Nur schwerhörige Hunde und solche, die von klein auf an Schrei-Kommandos gewöhnt sind, reagieren auf die erhobene Stimme besser.

Wer seinen Hund anschreit, erntet von seinem Umfeld sofort besorgte bis kritische Blicke, aus denen sich entweder a) »Was für ein schwieriger Hund!« oder b) »Was für ein inkompetenter Halter!« herauslesen lässt. Wenn Ihnen das – wie den meisten Menschen – unangenehm ist, sollten Sie umso mehr auf eine konsequente Erziehung achten, die auf überlaute Kommandos verzichtet.

Sollten Sie übrigens im Raum Düsseldorf jemandem begegnen, der drei Cairn Terrier lauthals mit Hörzeichen wie »Komm!« oder »Hier!« zu sich ruft, könnte es sich um mich handeln. Alice (17 Jahre), ihr Sohn Gysmo (15) und ihre Tochter Houkey (14) sind zwar rüstige Senioren – aber mittlerweile fast taub. Schwerhörigkeit ist der einzige Grund, das Schreiverbot in der Hundeerziehung außer Kraft zu setzen.

Der Welpenschutz-Mythos

Ein Großvater geht mit seinem achtjährigen Enkel spazieren. Der Großvater bekommt nicht mit, dass der Enkel jedem, der vorbeikommt, einen Tritt ans Schienbein verpasst. Dann tritt plötzlich einer der Passanten zurück. Der Großvater ist empört: »Lassen Sie das! Das ist doch noch ein kleines Kind!« Wir lernen: Wenn sich jemand grob danebenbenimmt, gibt es keinen Enkel-Schutz. Und Sie ahnen schon, warum ich dieses überspitzte Beispiel erzähle. Welpen haben genauso wenig Narrenfreiheit wie kleine Kinder. Es existiert kein natürlicher Schutz im Sinne von »Da kann nichts passieren, der ist ja noch Welpe«. Verhält sich ein Welpe wie ein Welpe, ist er unterwürfig und entzieht sich Konfliktsituationen, anstatt zu provozieren, wird er in der Tat mit anderen Hunden kaum Probleme haben. Das hat aber nichts mit »Welpenschutz« im Sinne von hündischer Toleranz und genereller Beißhemmung zu tun, sondern schlicht und einfach damit, dass sich der Welpe seinem Alter angemessen präsentiert. Die meisten Welpen machen das so, aber eben nicht alle. Bei einigen hat die Natur vorgesehen, dass sie sich schon früh sehr mutig und sehr dominant verhalten (Stichwort »Alphatier«). Wenn sich ein Welpe oder Junghund zu erwachsen benimmt oder gar einem anderen Hund »gegen das Schienbein tritt«, kommt oft eine entsprechende Reaktion, und er wird schlimmstenfalls auch mal gebissen. Zudem gibt es erwachsene Hunde und besonders Hunde-Senioren, die quirlige Welpen als anstrengend empfinden und keine Lust haben, sich von ihnen anrempeln, beschnüffeln oder bespringen zu lassen. Auch wenn Dominanz-Allüren eines kleinen Welpen in unseren Augen putzig wirken, sollte Sie sie doch von Anfang an unterbinden und an der Unterordnung arbeiten, sonst steigt die Gefahr, dass Sie sich nach Ende der Prägephase mit einem Problemhund auseinandersetzen müssen.

> **IRRTUM NR. 8**
> **»Da kann nichts passieren, der hat noch Welpenschutz.«**
> Falsch! Einen allgemeingültigen Welpenschutz gibt es nicht. Wenn sich ein Welpe nicht wie ein Welpe verhält, kann es sehr wohl passieren, dass ein ranghöherer Artgenosse ihn entsprechend zurechtweist und ihn im Extremfall auch beißt.

Der »Die machen das unter sich aus«-Irrtum

Wenn es auf der Wiese oder im Hundeauslauf Zoff gibt, hört man schnell den Satz: »Kein Problem, die machen das schon unter sich aus.« Zwar trifft diese Annahme in den meisten Fällen zu, aber manchmal endet so eine Begegnung unter Hunden in einer schweren Beißerei oder sogar in der Notaufnahme einer Tierklinik. Und obendrein flattert eine mehrere Hundert Euro teure Tierarztrechnung ins Haus. Deshalb sollten Sie sich vorab immer Gedanken machen, bevor Sie zwei (oder mehrere) Hunde miteinander spielen lassen: Sind die Größenverhältnisse sehr unterschiedlich? Dann kann es für den kleineren der beiden Hunde unter Umständen gefährlich werden, wenn die beiden den Ärger unter sich ausmachen. Schließlich ist es schon vorgekommen, dass ein größerer Hund einem Chihuahua oder Dackel beim Spielen aus Versehen das Rückgrat gebrochen hat. Sie sollten außerdem hinterfragen: Neigt der eigene oder der andere Hund zu Dominanzverhalten? Und: Kennen sich die Hunde schon und haben bereits miteinander gespielt bzw. die Verhältnisse geklärt (sprich: einer hat sich unterworfen)? Mein Rat an dieser Stelle: Lassen Sie Ihren Hund niemals aus einer »Die machen das schon unter sich aus«-Haltung heraus unkontrolliert mit einen »neuem« Hund bzw. mit einer ganzen Gruppe von Hunden spielen. Lernen Sie den anderen Hund erst einmal kennen und beobachten Sie genau, wie Ihr Hund auf ihn reagiert. Zu diesem Zweck können Sie mit dem anderen Hundehalter vereinbaren, die beiden Hunde vor dem ersten Kontakt ein paar Minuten angeleint hintereinanderherlaufen zu lassen. Dazu geht der andere Halter zunächst mit seinem Hund voran – und Sie folgen ihm mit Ihrem Hund. Reduzieren Sie dabei die Distanz von anfangs drei auf später ein bis zwei Meter und beobachten Sie die Reaktionen. Sicherlich wird Ihr Hund nicht nur am Hinterteil des anderen schnüffeln, um sich eine »Nase« zu nehmen und zu analysieren, sondern auch per Urin eine Markierung absetzen. Dadurch zeigen sich die Hunde quasi gegenseitig den Personalausweis, um diverse Informationen abzuchecken wie Geschlecht, Sexualtrieb, Dominanz. Danach wechseln Sie die Positionen: Nun läuft der andere Halter mit seinem Hund Ihnen und Ihrem Hund hinterher. Stehen die Zeichen auf Entspannung? Dann können Sie ein Spiel ohne Leine riskieren. Gibt es Anzeichen für einen Konflikt (aufgestelltes Nackenhaar, aufgestellte Rute, gesträubtes Fell, Knurren etc.)? Dann gehen Sie auf Nummer sicher und lassen kein Spiel zu. Leider verlaufen viele Begegnungen typischerweise so: Es stehen sich zwei angeleinte Hunde gegenüber. Die beiden kennen sich noch nicht, die Halter sind sich unsicher, ob die Begegnung gut gehen wird, und zögern, ihren Schützlingen die nötige Leinenfreiheit zu geben, um die gegenseitige Geruchskontrolle vorzunehmen. Die beiden Hunde stehen sich also Auge in Auge und ein bis zwei Meter voneinander entfernt an straffer Leine gegenüber. Allein das baut schon Spannung auf, derweil wechseln die Halter ein paar Worte und tauschen die üblichen Infos aus: Geschlecht? Kastriert? Alter? Die Hunde werden ungeduldig, hängen sich weiterhin in die Leine, die Halter strahlen Unsicherheit aus, die Hunde merken das, die Spannung steigt. Nun gibt es zwei Möglichkeiten, die beide vordergründig den als allgemeingültig angenommenen Satz »Die sind nur aggressiv, weil sie angeleint sind« bestätigen: Entweder beginnt einer der beiden Hunde zu bellen oder zu knurren, und die Halter verzichten darauf, dass sich die Hunde näher kennenlernen. Oder sie riskieren den Kontakt an der Leine. Was ihnen dabei nicht bewusst ist: Je mehr Zeit bis zu diesem ersten Kontakt vergeht, desto ungünstiger und angespannter wird die Atmosphäre zwischen den Hunden. Damit steigt die Wahrscheinlichkeit, dass einer der beiden – durch die Wartezeit und das Ziehen an der Leine aufgeputscht – aggressiv die Zähne fletscht oder angreift, sobald sich die Hunde im Gesicht beschnuppern. Die Folge: Die Halter sehen sich in ihrer Vorsicht bestätigt und ziehen ihre Hunde schnellstens auseinander. Als »Schuldiger« erkannt: die Leine. Tatsächlich wird die Aggression der Hunde in den meisten Fällen nicht durch die Leine, sondern erst durch das zögerliche Verhalten der Hundebesitzer im Umgang mit der Leine ausgelöst.

IRRTUM NR. 9
»Die machen das schon unter sich aus.«

Falsch! Diese Annahme beinhaltet, dass schon nichts passieren wird, wenn zwei oder mehrere Hunde aneinandergeraten – und dass man auf keinen Fall dazwischengehen sollte. Das mag manchmal gut gehen, aber sicherlich nicht immer: Wenn mindestens einer der Kontrahenten besonders dominant und übermutig auftritt, kann der Konflikt eskalieren und zu schweren bis tödlichen Bissverletzungen führen. Für diesen Extremfall sollte man sich entsprechende Eingreif-Techniken einprägen (etwa: einen Eimer Wasser auf die Kontrahenten schütten, Hunde an den Hinterbeinen packen und aus dem Gleichgewicht bringen). Diese Techniken sind allerdings gefährlich, nicht jeder sollte sie anwenden. Wenn der Halter unüberlegt, wütend oder gar hysterisch eingreift, besteht die Gefahr, dass auch er im Getümmel gebissen wird.

Hundehalter stehen hier vor einem Dilemma. Denn der Umkehrschluss – beiden Hunden sofort Leinenfreiheit geben und den Kontakt zulassen – verhindert zwar, dass zusätzliche Spannung aufgebaut wird, schließt aber keineswegs aus, dass es zwischen den Hunden nicht doch »knallt«. Eine »Garantie« gibt es in dieser Hinsicht ohnehin nicht. Wer sich

Die Situation eskaliert, weil der Besitzer des hellen Hundes versucht, ihn an der Leine aus dem Geschehen zu ziehen. Seine dadurch manipulierte Körpersprache verwirrt den Dobermann und bringt ihn dazu zuzubeißen

jedoch ein paar Minuten Zeit nimmt und wie oben beschrieben durch kontrolliertes Hintereinander-Herlaufen eine gegenseitige »Ausweiskontrolle« ermöglicht, kann sehr wohl auch bei angeleinten Hunden die Anspannung minimieren und für ein entspanntes Kennenlernen sorgen.

Im Freilauf reicht es manchmal schon, wenn sich ein dritter Hund zu zwei friedlich spielenden Hunden gesellt, plötzlich kippt die Harmonie, und die Zeichen stehen auf Sturm. Wenn Sie merken, dass beim Spiel heftige Aggressionen auftreten, sollten Sie die Hunde trennen. Ebenso, wenn einer der beteiligten Hunde »unter die Räder« zu kommen droht und von einem oder mehreren Hunden »gemobbt« wird. Sollte es trotzdem zu einer Beißerei kommen, gilt es, Ruhe zu bewahren und nicht in Panik auszubrechen.

Normalerweise lassen die Hunde schnell wieder voneinander ab. Meistens macht es Sinn, die Regel »Nicht dazwischengehen!« zu befolgen und die eigene Sicherheit nicht zu gefährden.

Doch wie reagiert man, wenn ein Hund sich verbeißt und nicht loslässt? Was zählt die eigene Sicherheit, wenn im schlimmsten Fall das Leben des geliebten Hundes in Gefahr ist? Es gibt Momente, da muss jemand eingreifen. Dabei geht es keineswegs darum, den Helden zu spielen. Die einfachste und ungefährlichste Variante, zwei ineinander verbissene Hunde zu trennen, ist eine kühlende »Dusche« mit einem Eimer Wasser oder dem Gartenschlauch. Das schaffen auch weniger starke oder mutige Menschen. Aber wer hat beim Spazierengehen schon einen Eimer Wasser oder einen Gartenschlauch zur Hand? Oft bleibt daher nur folgende Notlösung, um die Hunde zu trennen: Jeweils eine Person packt einen der verbissenen Hunde am Halsband, dann werden die Hunde *gegen*einander gedrückt, statt sie *aus*einanderzuziehen. Das überrascht die Hunde und bewirkt meistens, dass sie sich gegenseitig loslassen bzw. der beißende Hund erst loslässt, dann aber nachgreifen will. Diesen Moment muss man nutzen und die Hunde trennen. Bei größeren Rassen hilft es auch, die Hinterläufe des zubeißenden Hundes zu packen, den Hund wie eine Schubkarre zu halten und so aus dem Gleichgewicht zu bringen. Man muss allerdings gut festhalten, damit sich der Hund nicht umdreht und zubeißt. Sollte der Hund loslassen, ziehe ich ihn im »Schubkarrengriff« an den Hinterbeinen so schnell wie möglich aus dem Geschehen heraus. Erst dann greife ich ihn am Halsband und versuche ihn anzuleinen und zu kontrollieren. Eine letzte Lösung für schwierige Fälle, die allerdings nur erfahrene Hundehalter anwenden sollten: Den Kehlkopf des Zubeißers fest umgreifen – in Intervallen und immer fester zudrücken –, bis der Hund loslässt. Das sollte ein geübter Griff sein, denn natürlich bringt man sich bei einem durch das Adrenalin gekickten, übereifrigen Hund in Gefahr. Wenn auch das nicht hilft, hat sich bei Rüden, die zubeißen und sich nicht trennen lassen, als letzte Lösung schon oft ein Kniff in die Weichteile bewährt.

Damit Sie erst gar nicht in solche mehr als unangenehmen Situationen kommen, sollten Sie Ihren Hund so erziehen, dass Sie ihn auch aus Begegnungen mit anderen Hunden heraus abrufen können. So minimieren Sie das Risiko so weit wie möglich.

Die Kastrationsfalle

Als ich nach dem Aufstehen in den Spiegel gucke, bin ich geschockt: Ich sehe eine Frau mit langen, lockigen Haaren, knappem Top, Minirock, rosa Handtäschchen und schwarzen, kniehohen Lederstiefeln. Das bin doch nicht ich! Ich bin ein Mann! Ein Mann, der noch nicht eine Sekunde den Drang gehabt hat, eine Frau zu sein. Ein Mann, von dem einige Frauen behaupten, er sei manchmal ein ziemlicher Macho. Ein Mann, der sich an Karneval am liebsten gar nicht, und wenn schon, dann eher als Cowboy oder Pirat verkleidet – aber auf keinen Fall als Karikatur einer aufgedonnerten Tussi. Doch genau einer solchen gucke ich im Spiegel ins grell geschminkte Gesicht. Karneval ist sowieso schon seit Monaten vorbei. Was ist also passiert? Habe ich Halluzinationen? Hat mir gestern Abend in der Kneipe jemand Tropfen in den Drink gemischt? Meine äußerliche Verwandlung macht mich aggressiv, denn im Kopf bin ich total klar. Ist sicher alles nur Einbildung, geht vorbei. Am besten erst mal an die frische Luft. Ich habe gleich einen Termin und bin ohnehin spät dran.

Kaum trete ich aus der Haustür, pfeifen mir die Typen von der Baustelle gegenüber hinterher. Oder meinen die mich gar nicht? Hm, die alte Dame neben mir haben sie sicher nicht gemeint. Doch warum guckt die mich jetzt so abwertend an? Sie meint mich nicht, das muss eine Verwechslung sein! Da biegt der Postbote um die Ecke. Gut, dass ich den noch erwische, ich erwarte nämlich einen wichtigen Brief. Doch der Postbote, mit dem ich sonst immer ein paar nette Worte wechsele, scheint mich nicht zu erkennen, dafür steckt er mir einen Zettel mit seiner Handynummer zu und fragt, ob ich Lust hätte, ihn nach Feierabend zu treffen. Während er das sagt, leckt er sich regelrecht pervers über die Lippen, und ich habe große Lust, ihm sofort ein paar auf die Nase zu hauen. Weil ich immer noch total verwirrt bin, stecke ich die Faust in die Tasche und gehe weiter. Bis zur Straßenbahnhaltestelle. Beim Einsteigen in die Bahn kneift mir jemand in den Hintern. Ich drehe mich um und sehe den rüstigen alten Herrn aus dem Nachbarhaus, der mich jetzt auch noch ganz verwegen anlächelt. Ein paar junge Frauen lachen sich kaputt und machen abfällige Bemerkungen. Nicht über ihn, über mich! Verdammt, ich will nicht, dass mir einer hinterherpfeift, mir seine Nummer zusteckt oder in den Hintern kneift! Und mich auslachen sollen die Leute schon gar nicht! Ich will als Mann behandelt und ernst genommen werden. Der Nächste, der mir blöd kommt, wird sein blaues Wunder erleben. Damit alle wissen, was Sache ist! Ich in Minirock, rosa Handtäschchen und schwarzen Lederstiefeln! Was für ein Quatsch! Nicht ich – die anderen leiden unter Halluzinationen! Ups, hat der Fahrkartenkontrolleur gerade wirklich so anzüglich geguckt, als er mein Ticket gecheckt hat? Jetzt reicht's! Den schnapp ich mir!

Dieses moderne Märchen lässt sich in die Hundewelt übertragen: Stellen Sie sich vor, der Macho, den plötzlich alle für eine Frau halten und der schließlich kurz davor ist, den Fahrkartenkontrolleur zu verprügeln, wäre ein Hund. Genauer gesagt: ein Rüde. Oder noch genauer gesagt: ein dominanter Rüde, der es gewohnt ist, die Oberhand zu behalten und keinem Streit aus dem Weg zu gehen. Und die Bauarbeiter, der Postbote, der rüstige alte Herr aus dem Nachbarhaus wie auch der Fahrkartenkontrolleur wären ebenfalls Rüden. Wie würde sich ein dominanter Rüde fühlen, wenn ihn seine Geschlechtsgenossen plötzlich wie eine Hündin behandeln und sogar versuchen, ihn zu begatten? Sprechen kann er ja nicht, und selbst wenn er es könnte, würden auch unzählige »Ich bin ein Rüde«-Beteuerungen nichts an der knallharten Gegendiagnose der anderen Rüden ändern: Du riechst NICHT wie ein Rüde – also behandeln wir dich wie eine Hündin. Irgendwie sogar verständlich, dass der »Vom Kopf her«-Rüde, den keiner mehr für voll nimmt, öfter mal aggressiv reagiert, oder?

Populäre Erziehungsfehler vermeiden

Eine Kurzversion des Märchens vom Mann, der sich in eine Frau verwandelt, bringe ich immer dann, wenn ich Kunden überzeugen möchte, dass die Kastration ihres Rüden, die sie als Selbstverständlichkeit annehmen, für das Tier selbst alles andere als Vergnügen mit sich bringt.

Tatsächlich höre ich in meinem Alltag als Trainer immer wieder die folgende Frage von Welpen-Besitzern: »Herr Lenzen, wann sollen wir unseren Hund kastrieren lassen?« Meine Gegenfrage: »Warum soll der Hund denn kastriert werden?« Die Antwort, die üblicherweise kommt, lässt mich regelmäßig erschaudern: »Ja, das muss er doch!«

Muss er? Oder besser noch: Darf er? Das sinnlose, nicht medizinisch indizierte Kastrieren von Hunden ist in Deutschland gemäß § 6 Abs. 1 des Tierschutzgesetzes nämlich untersagt. Die Realität sieht leider anders aus, denn das Gesetz beinhaltet bereits Ausnahmefälle, etwa wenn die »Gefahr unkontrollierter Vermehrung« droht. Das lässt sich natürlich sehr großzügig auslegen, sodass man das Kastrationsverbot völlig legal unterlaufen kann. Für manche Tierärzte sind Kastrationen eine durchaus willkommene Einnahmequelle.

Freie Bahn also für den Trend zur Kastration. Auch die folgende Anekdote (diesmal kein Märchen!) ist symptomatisch: Ungefähr fünf Monate nach der Anschaffung seines Rüden fragt mich ein Hundebesitzer, wann denn nun der richtige Zeitpunkt für die Kastration gekommen sei. »Unser Rüde ist doch so dominant und hat Ärger mit anderen Hunden. Und der Jagdtrieb nervt uns auch!« Mich trifft fast der Schlag. Denn gerade dieser Kunde hat vor der Anschaffung des Welpen sehr lange darüber nachgedacht, welche Rasse für ihn geeignet ist, und sich schließlich für einen Weimaraner (einen Jagdhund!) entschieden. Wie ich erst im Nachhinein erfuhr, war ein Auswahlkriterium, dass »das graue Fell so schön mit den bernsteinfarbenen Augen harmoniert«. Ob es lieber eine Hündin oder ein Rüde werden sollte, bedachte der Kunde im Vorfeld ebenfalls fast vier Monate lang. Tenor: Eine Hündin sei zwar leichter zu führen, ein Rüde aber einfach stattlicher und werde nicht läufig. Also fiel die Wahl auf einen Weimaraner-Rüden. Man kann sicher nicht behaupten, Herrchen und Frauchen hätten sich nicht ausreichend Zeit für ihre Entscheidung genommen. Umso mehr schockiert es mich, dass es – sogar in solchen Fällen – zur gängigen Praxis geworden ist, hundespezifische Verhaltensprobleme einfach wegzuoperieren.

Wenn der Hund dann aus der Narkose aufwacht – so die Vorstellung der Besitzer –, sind die Probleme, für die sie in den meisten Fällen selbst verantwortlich sind, raus- bzw. abgeschnitten. Der Hund als Produkt, das möglichst den Erwartungen der Menschen entsprechen soll: sieht hübsch aus, ist lustig, pflegeleicht und macht keinen Ärger.

Wenn das mal so einfach wäre! Warum das Dominanzverhalten des Rüden nach einer Kastration häufig noch vorhanden ist oder sich sogar steigert, stellt die Halter vor ein Rätsel. Und der Hund hat Pech gehabt, weil er jetzt von intakten Rüden bedrängt wird, da er nicht mehr nach Rüde riecht. Die Erklärung ist simpel: Ein dominanter Hund, der ein, anderthalb oder gar zwei Jahre als starker Rüde auftritt, bleibt auch nach der Kastration ein starker Rüde. Ganz einfach, weil er in dieser prägenden Phase gewisse Erfahrungen gemacht und entsprechende Verhaltensweisen angenommen hat. Er selbst mag jetzt zwar anders riechen, aber die Rüden, mit denen er sich vorher immer angelegt hat, riechen für ihn noch genauso wie zuvor.

»Unser Rüde ist aber nach der Kastration viel ruhiger geworden«, wird nun der eine oder andere Kastrationsbefürworter einwenden. Meine These: In solchen Fällen handelt es sich fast immer um nicht ganz so dominante Rüden. Und die Halter sehen allein schon aufgrund ihrer Erwartungshaltung nach dem Eingriff oft eine Veränderung.

> **IRRTUM NR. 10**
> **»Eine Kastration wird meinen aggressiven Hund ruhiger und umgänglicher machen.«**
> Falsch! Eine Kastration ist nicht mit einem Druck auf die Reset-Taste vergleichbar. Ein Hund wird auch nach der Kastration auf seine Erfahrungen als potenter Rüde zurückgreifen und sich dementsprechend verhalten. Weil er nun aber nicht mehr wie ein Rüde riecht, behandeln ihn männliche Artgenossen wie eine Hündin. Das führt oft zu Konflikten – je dominanter der kastrierte Rüde ist, desto häufiger.

Als Problemhundtrainer kenne ich aber weit mehr (und meistens dominante) Rüden, die sich nach der Kastration so verhalten, als hätten sie ein

Ein kastrierter Rüde, der immer noch eindeutig dominantes Rüdenverhalten zeigt, aber nicht mehr nach Rüde riecht

drittes Ei dazubekommen. Für den Menschen ist die Kastration eine vermeintliche Wohlfühl-OP, die zum Ziel hat, dass es ihm (nicht dem Hund!) besser geht. Für den Hund ist eine Kastration aus nicht-medizinischen Gründen fast immer eine Falle: Denn nun gibt er über den Geruch Fehlinformationen ab. Er ist in Wirklichkeit viel dominanter, als er riecht, und wird manchmal sogar von Hündinnen angegangen, weil sie seinen Geruch nicht einordnen können.

Manche Halter begründen eine Kastration auch damit, dass ihr intakter Rüde, der einer läufigen Hündin die üblichen Bereitschaftssignale sendet, unter seinem Trieb leide: »Der jault und weint sooo seehr, der Arme, und das möchten wir ihm in Zukunft ersparen.« Stimmt, ein Rüde hat Stress und ist eher angespannt, wenn er auf eine läufige Hündin trifft – das wäre er in freier Natur aber auch. Kein Grund also, sich um den ach so »armen« Hund Sorgen zu machen. Das kann er gut aushalten. Es stellt sich also vielmehr die Frage, ob Herrchen und Frauchen dieses völlig artgerechte und natürliche Verhalten ihres Hundes »aushalten« können bzw. wollen.

Seit einiger Zeit treibt der Trend zur Kastration neue Blüten: Manche Züchter lassen die Käufer einen Vertrag unterschreiben, in dem sie sich verpflichten, den Hund bis zu einem bestimmten Alter (zum Beispiel, wenn er ein Jahr alt ist) nachweislich kastrieren zu lassen. Warum? Damit ihnen später keiner der Käufer durch Nachzüchtungen Konkurrenz machen kann. Andere gehen noch weiter. So habe ich von einem Labradoodle-Züchter gehört, der die Welpen bereits kastriert abgibt, sozusagen als Copyrightschutz einer neuen und (noch) seltenen Moderasse.

Unter Tierärzten ist es umstritten, ob eine Operation mit Vollnarkose dem in diesem Alter noch relativ instabilen Immunsystem der Welpen zuzumuten ist. Zwar hat die Kastration im Welpenalter den Vorteil, dass die Hunde praktisch als Eunuchen groß werden und oft gar nicht erst lernen, sich Artgenossen gegenüber als Rüde zu verhalten. Dennoch bin ich der Meinung, dass eine Kastration auf keinen Fall die Regel sein darf. Schließlich kommen Rüden nicht umsonst mit Hoden auf die Welt. Sie gehören zu ihrem Körper und zu ihrem Dasein als Rüde dazu. Daher bin ich gegen die standardmäßige Kastration aus nichtmedizinischen Gründen – egal wie alt der Hund ist. Ausnahmen sind natürlich die Kastrationen (bzw. Sterilisation) von Straßenhunden in ost- und südeuropäischen Ländern (siehe dazu Kapitel 7, Das Straßenhund-Phänomen).

In Deutschland ist als Alternative zur Kastration bzw. als ihre Vorstufe »zum Ausprobieren« der Kastrationschip in Mode gekommen. Dabei wird dem Hund ein kleiner Hormonchip unter die Haut implantiert, der die Testosteronproduktion in den Hoden mindert und den Rüden chemisch kastriert. Nach einer Übergangsphase von ca. zwei Wochen, während der der Hund sogar aggressiver als vorher auftreten kann, tritt die gleiche Wirkung ein wie nach der herkömmlichen Kastration: Der Sexualtrieb lässt nach, die Samenproduktion wird vermindert. Diese Wirkung hält rund 180 Tage lang an, danach muss die chemische Kastration erneuert werden. Ich halte auch den Kastrationschip nicht für eine ideale Lösung, denn der Hund greift nach diesem Eingriff genauso wie nach der normalen Kastration weiterhin auf seine bisherige Prägung als potenter Rüde zurück. Und bevor der Kastrationschip richtig zu wirken beginnt, nimmt er womöglich noch die eine oder andere schlechte Erfahrung durch eine kurzfristig erhöhe Aggressionsbereitschaft nach der Implantation mit.[3] Dennoch drücke ich bei der chemischen Kastration eher ein Auge zu als bei der operativen: Zum einen lässt sie den Hund weniger leiden. Und zum anderen kann ein Halter, der merkt, dass die chemische Kastration kaum oder gar keine Verbesserung im Verhalten gebracht hat, danach immer noch zur Vernunft kommen und seinem Rüden das Skalpell ersparen, indem er die Unarten (sofern überhaupt vorhanden) durch konsequente Erziehung in den Griff bekommt.

Die »Mein Hund hat Angst«-Ausrede

Übersetzungsfehler gibt's nicht nur bei Politikerzitaten, sondern auch in der Hundeerziehung: Wenn ein Hund seinen Schwanz einklemmt und die Ohren anlegt, interpretieren wir Menschen seine Körpersprache häufig falsch: »Der hat Angst.« Dabei will der Hund in solchen Momenten nur zeigen, dass von ihm keine Gefahr ausgeht, dass er gerade alles andere als dominant ist, jegliche Konfrontation meiden und sich unterwerfen möchte. Nun kann man zwischen Unterwürfigkeit und Angst zwar noch einen gewissen Zusammenhang erkennen, doch wenn Hundehalter die Diagnose »Der hat Angst« heranziehen, um Unarten zu erklären, so ist das meist nicht mehr als eine faule Ausrede.

Warum kläfft ein Hund jeden Fahrradfahrer und jeden Artgenossen wild an? Warum attackiert ein Hund Jogger und Briefträger? Ist da wirklich Angst im Spiel? Meine Antwort: Nein, wir haben es in den allermeisten Fällen schlicht und einfach mit schlecht erzogenen Hunden zu tun, denen keine klaren Grenzen gesetzt wurden. Womöglich haben die Halter eine Unart sogar unbewusst bestätigt – und entschuldigen das nun mit der Begründung, der Hund habe Angst. So ist Herrchen aus dem Schneider, und auch der Hund kann nichts dafür. Dumm gelaufen, er ist nun mal ein »Angstbeißer« oder »Angstbeller«.

Wirklich ängstliche Hunde wird man in Deutschland ohnehin sehr selten zu sehen bekommen, weil ein Hund, der Angst hat, meistens flüchtet.

---

3 Manche Tierärzte empfehlen, den zeitweiligen Anstieg des Testosterons, der zu einer erhöhten Aggression führt, zu minimieren, indem der Hund eine Woche vor der Implantation des Chips eine Delmadinonacetat-Spritze bekommt.

> **IRRTUM NR. 11**
> **»Mein Hund macht das, weil er Angst hat.«**
> Falsch! Wenn ein Hund angeblich aus Angst zubeißt oder bellt, so ist das fast immer eine Entschuldigung für mangelhafte Erziehung. Wenn Hunde wirklich Angst haben, kennen sie nur einen Gedanken: »Schnell weg von hier!« Insofern passt das »Angstbeißer«-Etikett bloß auf Hunde, die sich in die Enge getrieben fühlen und nicht mehr anders zu wehren wissen. Sprich: Für Briefträgerwadenbeißer und Alles-und-jeden-Ankläffer gelten keine Angst-Entschuldigungen.

Typisches Beispiel: An Silvester reagiert ein Hund panisch auf einen in seiner Nähe gezündeten Böller, reißt sich von Leine los und rennt auf und davon. Aus Angst beißt ein Hund in der Regel nur, wenn er sich in die Enge gedrängt fühlt. Ich habe im Rahmen von Straßenhunde-Hilfsprojekten in Rumänien und Moldawien viele solcher Hunde erlebt. Sie hatten noch nie Menschenkontakt und fingen deshalb schon an zu beißen, als wir sie einfangen wollten, um sie zu kastrieren bzw. zu sterilisieren.

Bello Normalhund in Deutschland ist an Menschen gewöhnt und erlebt Vergleichbares allenfalls beim Tierarzt: Wenn ihm auf dem Behandlungstisch eine Spritze verpasst wird oder eine Wunde gesäubert werden soll und ihn die Tierarzthelferin dabei festhält, kann es passieren, dass er sich bedroht fühlt und zuschnappt. Woher soll er auch wissen, dass man ihm doch bloß helfen will? Nur in solchen Ausnahmesituationen entwickelt sich ein Hund zum »Angstbeißer«.

Dennoch hat sich das »Angstbeißer«-Etikett geradezu inflationär in der Hundeszene verbreitet. Das ist so ähnlich wie mit den »Sonntagsfahrern«: Dieses Vorurteil passt auf jeden Fahrer, der störend im Straßenverkehr auffällt, es sagt aber nichts Konkretes aus. Wenn zum Beispiel ein kleiner Mischling auf der Wiese einen Schäferhund angreift, heißt es häufig entschuldigend: »Der hat Angst vor Schäferhunden, weil er schon mal von einem gebissen worden ist.« Hätte der kleine Mischling aber wirklich Angst vor Schäferhunden, was rein theoretisch möglich ist, würde er so schnell wie möglich in eine andere Richtung rennen. Sprich: Er würde alles tun, um *nicht* auf sich aufmerksam zu machen und Distanz zwischen sich und den Schäferhund zu bringen. Aus Angst attackieren würde er ihn ganz sicher nicht – es sei denn, man sperrt die beiden Hunde gemeinsam in eine Vier-Quadratmeter-Kammer, wo sie sich nicht aus dem Weg gehen können.

Die Rücksicht-Bremse

Wie bei uns Menschen gibt es auch unter Hunden eher selbstbewusste und eher unsichere Exemplare. Letztere reagieren oft empfindlich auf bestimmte Herausforderungen im Alltag: Sie weigern sich beispielsweise, einen Aufzug zu betreten, mit dem Bus oder der Bahn zu fahren, Treppen herauf- oder herunterzugehen oder auf glattem Parkettboden zu laufen. Leider nehmen einige Hundehalter viel zu stark Rücksicht auf das Verhalten ihrer Tiere. Weigert der Hund sich beim ersten Mal, einen Aufzug zu betreten, wird er eben (wenn möglich) auf den Arm genommen, oder man benutzt stattdessen die Treppe. Zieht ein Welpe in die Wohnung ein, legt der Halter im Wohnzimmer extra einen neuen Teppichstreifen auf dem glatten Parkettboden aus, damit der neue Mitbewohner nicht ausrutscht. Das hat zur Folge, dass der Welpe zwar auf Teppichen gut laufen kann, aber im Flur, in den restlichen Zimmern und natürlich auch in anderen teppichfreien Wohnungen schnell auf die Nase fällt. Ein Fehler, denn natürlich kann sich jeder Welpe an das Laufen auf Parkettboden gewöhnen.

Durch falsche Rücksichtnahme erzieht man einen Hund förmlich zum Aufzugs- oder Parkettmuffel, statt ihn aufzubauen und ihm die anfängliche Unsicherheit abzutrainieren. Hund und Halter bewegen sich gebremst durch den Alltag. Stattdessen sollte der Halter seinem Hund den Aufzug, die Bahn, den Bus, die Treppe, den glatten Boden als Selbstverständlichkeit verkaufen. Ich behaupte: Mit etwas Disziplin und Konsequenz kann man jeden Hund an vermeintliche Unannehmlichkeiten gewöhnen. Will er nicht mit in den Aufzug? Dann ziehe oder trage ich ihn hinein – und fahre erst einmal eine Zeit lang rauf und runter. Dabei streichele ich ihn zunächst begeistert und vermittle ihm, dass wir gerade etwas ganz Tolles machen. Zusätzliche Bestechung durch

Leckerchen ist – obwohl von vielen Trainern in solchen Situation empfohlen – nicht nötig, schließlich soll der Hund lernen, dass Aufzug fahren etwas ganz Normales ist, und nicht, dass sich sein Halter dort in einen Futterautomaten verwandelt. Hat er die erste Scheu verloren, behandele ich meinen Hund genauso wie zu Hause oder im Garten, damit er zu dem Schluss kommt: Aha, der Aufzug beißt nicht, und wir leben jetzt dort. Dafür reichen 20 Sekunden nicht aus, eine Viertelstunde pro Übungseinheit sollte es schon sein. Danach verlassen Sie den Aufzug – locker und entspannt, zuerst Sie und dann der Hund – und betreten ihn gleich darauf wieder. Dieses »Rein in den Aufzug, raus aus dem Aufzug«-Spiel wiederholen Sie in diversen Etagen. Am nächsten Tag machen Sie erneut eine Aufzug-Session nach dem gleichen Schema. Wenn Sie das einige Tage lang ganz selbstverständlich durchziehen, wird Ihr Hund früher oder später seine Scheu verlieren – das gilt genauso fürs Straßenbahn- oder Busfahren, Treppensteigen und jede andere Alltagssituation, die dem Hund zu schaffen macht. Wer kurzfristig Trainingszeit investiert, gewinnt langfristig Alltagsqualität – für sich selbst und für den Hund.

Der »Hund und Kind müssen beste Freunde sein«-Leichtsinn

Jahr für Jahr lesen wir in der Presse Horrormeldungen: Hunde fügen Babys und Kindern schwere Bissverletzungen zu – manchmal sogar mit Todesfolge. Ich bin mir sicher, dass die Ursache für diese Katastrophen meistens menschlicher Leichtsinn und nicht hündisches Fehlverhalten ist. Das wiederum kommt selten ans Licht, laden doch die verantwortlichen Eltern die Schuld gerne komplett auf den »bösen« Hund ab, der vorher immer »so lieb« war. Das ist schließlich viel einfacher, als sich einzugestehen, dass man die Gefahr bei der Begegnung zwischen Kind und Hund fatalerweise unterschätzt hat.

Der Hund soll der beste Freund des Kindes werden, und zwar so schnell wie möglich – das ist die idealisierte, aber durchaus nachvollziehbare Wunschvorstellung. Denn natürlich kann ein Kind durch einen

Populäre Erziehungsfehler vermeiden

Hund viel lernen und seine soziale Kompetenz stärken. Das Problem: Obwohl Mensch und Hund eine mehr als 10 000 Jahre alte gemeinsame Geschichte haben, lernen viele Kinder zwischen Kita und Kindergarten, zwischen musikalischer Früherziehung und Grundschule nur sehr wenig über den Umgang mit Hunden. Welche Bedürfnisse haben sie? Wie liest man ihre Körpersprache? Was ist im Zusammensein mit Hunden tabu? Häufig verfügen auch die Eltern nur über rudimentäres Basiswissen; sie lassen den Kontakt zwischen Hund und Kind vollkommen unkontrolliert zu und nehmen die Erziehung des Hundes auf die leichte Schulter. Da wird zum Beispiel die (überforderte) Oma mit Hund und Baby allein gelassen – es wird schon gut gehen. Oder das Baby krabbelt auf den Korb oder den Fressnapf des Hundes zu – und die Eltern gucken nicht hin, weil sie gerade den Abwasch machen. Kleinkinder probieren ihren Tastsinn aus und zupfen den Hund am Ohr oder an den Lefzen, drängen ihn mit dem Dreirad in die Ecke oder reiten auf ihm – und die Eltern finden das sogar noch lustig und machen Fotos oder Filmchen davon, nach dem Motto »Endlich ist die Familie komplett!«. Wer bei Youtube die Stichworte »Hund« und »Baby« eingibt, findet einen Haufen haarsträubender Clips. Klar sieht das niedlich aus, wenn Hund und Baby im Korb des Hundes oder auf dem Sofa kuscheln oder auf dem Boden gemeinsam »spielen«. Doch wer genau hinschaut, hinterfragt und analysiert, sieht die Gefahr hinter der vermeintlichen Harmonie. Da liegt zum Beispiel ein stattlicher Rottweiler auf dem Familiensofa neben einem Baby, das sich an ihn kuschelt. Jeder, der sich nähert – auch Herrchen oder Frauchen –, wird angeknurrt. »Braver Hund, wie süß«, denken die meisten, der »beschützt sein Baby« – und verkennen dabei, wie dünn das Eis in dieser Situation ist. Was wir in Fällen wie diesem oft als »Beschützerinstinkt« des Hundes interpretieren, zeigt, in welcher Position der Hund sich im Familienrudel einordnet: Das Baby stuft er in der Hierarchie unter sich ein, infolgedessen fühlt er sich als »erziehungsberechtigt«. Allerdings sieht er offenbar auch Herrchen und Frauchen unter sich, sonst würde er sie nicht anknurren. Eine extrem gefährliche Situation! Was passiert, wenn das Baby dem Hund zum Beispiel mit dem Finger ins Ohr, in die Nase oder in die Augen sticht, sodass er Schmerzen hat? Was ist, wenn das Baby aufsteht und über den

Hund fällt, sodass er erschrickt? Oder wenn das Baby plötzlich zu kreischen beginnt? Hilft es dann, dass die Eltern bei der ersten Begegnung des Babys den Hund einmal an einer vollen Windel schnuppern haben lassen, wie eine alte Volksweisheit rät? Können die Eltern als Rangniedrigere überhaupt ungehindert dazwischengehen? Knurrt der Hund wirklich nur, um das Baby zu »verteidigen«? Oder macht er das vielleicht aus purer Dominanz, um seinen Feldherren-Platz auf dem Sofa zu sichern? Klar ist: Bei einem knurrenden Hund ist immer auch Aggression mit im Spiel. Und ein aggressiver Hund (egal wie klein er sein mag) gehört nicht gemeinsam mit einem Kind aufs Sofa! Und überhaupt: Wie steht ein Halter, der sich seinem Kind nähern will, denn da, wenn der eigene Hund ihm das durch Knurren verbietet?!

Einen ähnlichen »Ach, wie niedlich«-Effekt erzeugen Kinder, die den Hund – meistens eher unfreiwillig – füttern, etwa wenn ein Zweijähriger an einem Croissant knabbert und dem Hund einen Bissen davon entgegenstreckt. Was beim Hund hängen bleibt, kann später mehr und mehr zur Gefahr werden: Da der Kleine »Beute« abgibt, sieht der Hund sich in seiner Rolle als Ranghöherer bestätigt. Das kann dazu führen, dass er immer wieder versucht, dem kleinen Kind »Beute« streitig zu machen – so wie er das auch mit den Konkurrenten in einem Hunderudel machen würde. Doch was passiert, wenn das Kind einmal keine Lust hat, sein »Leckerchen« abzugeben? Oder wenn ihm ein Keks runterfällt, den es wieder aufheben möchte, der Hund jedoch ebenfalls Ansprüche auf diese »Beute« anmeldet und zuschnappt?

Die vierjährige Lena wird von der Mutter für das Familienalbum zusammen mit dem Schäferhund Rex abgelichtet. »Komm, Lena, leg mal den Arm um den Rex«, sagt die Mutter. Lena macht das, aber – wie Kinder nun mal sind – etwas überschwänglich. Sie legt nicht nur den Arm um Rex, sie drückt ihn fest an sich und hängt sich dabei sogar ein bisschen an ihn. Rex ist ein sozial verträglicher Hund, der noch nie Anstalten zur Aggression gegenüber Kindern machte, aber Lenas Gewicht am Hals wird ihm nun doch zu viel. Um sein Unbehagen mitzuteilen, schaut er zur Seite. Als das nichts hilft, beginnt er leise zu brummen – defensive Aggression als Abwehr einer Bedrohung. Das hört leider keiner, weil Lena die ganze Zeit laut plappert und vor Vergnügen kreischt. Außerdem haben die Eltern ihren Rex so tief in die Schublade mit der Aufschrift »Lieber Hund« gesteckt, dass sie seine Befindlichkeiten in der Kommunikation mit Kindern kaum noch beachten. »Lena, der Hund muss in die Kamera gucken, dreh ihn doch mal zu mir«, sagt die Mutter. Lena hängt immer noch mit beiden Armen am Hals von Rex, der wiederum zur Seite schaut, während sein »Lass mich in Ruhe«-Brummen im allgemeinen Geräuschpegel untergeht. Lena versucht nun, sein Gesicht in Richtung Mutter bzw. Kamera zu drehen. Doch Rex möchte das nicht, er stemmt sich dagegen, will sich am liebsten aus Lenas Umklammerung befreien. »Rex!«, ruft die Mutter, um ihn dazu zu bringen, sein Gesicht der Kamera zuzuwenden. Rex ist gut erzogen und weiß genau, was (normalerweise) von ihm erwartet wird, wenn die Chefin seinen Namen ruft: Er muss zu ihr. Das geht aber nicht, weil Lena ihn festhält. Nun kann er nicht mehr anders, er schnappt nach Lena und rennt zu Frauchen. Lena fällt um und beginnt zu heulen. Die Mutter ist entsetzt: Rex ist jetzt gar nicht mehr der »liebe Hund«, Rex ist »böse«.

IRRTUM NR. 12
»Hund und Baby müssen so schnell wie möglich beste Freunde werden.«

Falsch! Hunde und Kinder sollten so kontrolliert wie möglich, sprich nur sehr langsam und Schritt für Schritt, »beste Freunde« werden. Im Baby- und Kleinkindalter gilt zunächst die Grundregel: Den Hund nicht an das Kind ranlassen – und das Kind nicht an den Hund (Fressnapf und Körbchen sind für das Kind absolut tabu!). Nach und nach kann man dann Kontakt zulassen (Abschnüffeln, Abschlabbern) – jedoch niemals ohne jederzeit eingreifen zu können. Die meisten Beißzwischenfälle passieren, wenn Kinder den Hund so stören oder in die Enge treiben, dass dieser sich nur noch mithilfe seiner Zähne zu wehren weiß. Daher sollte man Kind und Hund niemals auch nur eine halbe Minute ohne Aufsicht allein lassen. Erst ab dem achten Lebensjahr ist ein Kind so weit, dass ein Hund es als Erziehungsberechtigten anerkennt. Wenn möglich, sollte sich eine Familie erst ab diesem Zeitpunkt einen Hund anschaffen.

Viele Eltern verhalten sich so leichtsinnig wie im obigen Beispiel. Meistens gehen Situationen wie diese verhältnismäßig »gut« aus und das Kind kommt mit dem Schrecken oder einer kleinen Schramme davon. Das ist aber leider nicht immer so – womit sich der Bogen zu den eingangs erwähnten Horrormeldungen über schwere Bissverletzungen schließt. Auch wenn er noch so süß ist und selbst wenn es sich »nur« um einen winzigen Yorkshireterrier oder einen typischen Familienhund wie Labrador oder Golden Retriever handelt – ich würde bei der Begegnung mit Kindern für keinen Hund der Welt die Hand ins Feuer legen. Ein Hund ist kein lebendiger Teddybär zum Spielen, sondern in jedem Fall ein für Menschen potenziell gefährliches Tier – auch dann, wenn er sich aus Hundesicht vollkommen stimmig verhält (siehe Rex). Begegnungen zwischen Hunden und Kindern lassen sich zwar bis zu einem gewissen Grad planen, aber weder Hund noch Kind sind zu 100 Prozent berechenbar. Daher müssen die Eltern so weit wie möglich Risiken vermeiden. Wenn das Kind nur einmal im falschen Moment den falschen »Knopf« drückt, kann das schlimme Folgen haben. Es gilt die goldene Regel: Lassen Sie Kinder und Hunde niemals unbeaufsichtigt zusammen, auch nicht für eine halbe Minute. Außerdem: Wippe, Laufgitter und Kinderwagen sind für den Hund tabu.

Oft fragen mich Kunden, die ein Kind bekommen wollen, wann der richtige Zeitpunkt sei, sich einen Hund anzuschaffen. Meine Antwort:

1. Bekommen Sie die Kinder, *bevor* Sie sich einen Hund zulegen. Ein Welpe, der mit Kindern aufwächst, findet leichter seinen rangniedrigeren Platz im Familienrudel.
2. Im idealen Fall sind die Kinder bereits acht Jahre oder älter, wenn ein Hund einzieht. Ab diesem Alter sind sie körperlich und mental reif genug, um effektiv an der Erziehung mitwirken zu können. Man kann ihnen erklären, dass der Hund ein eigenständiges Wesen ist, dem man mit Respekt begegnen muss und das gewisse Dinge nicht mag, wie zum Beispiel am Ohr ziehen, sich in seinen Korb legen oder ihm sein Essen zu stibitzen.

Es gibt eine Vielzahl von Familien, bei denen diese optimale Konstellation nicht möglich ist und die trotzdem einen Hund haben möchten. Wer mich in einem solchen Fall um Rat bittet, dem stelle ich zwei (rhetorische) Fragen, die zum Nachdenken und zur größerer Vorsicht anregen sollen: Wie bringt man einem Baby zuverlässig bei, nicht immer wieder munter Richtung Körbchen zu krabbeln? Und wie erklärt man einem Hund, dass ein Baby sehr empfindlich ist und ausnahmslos mit großer Vorsicht behandelt werden muss? Ein Ding der Unmöglichkeit – und eine große Gefahr für das Baby. Man stelle sich vor, dass ein gerade erst vom Kuschelkönig und Kinderersatz zum Familienmaskottchen degradierter Hund endlich mal in Ruhe in seinem Körbchen einen Knochen beknabbern möchte – und plötzlich schaut da ein Baby über den Körbchenrand und greift nach besagtem Knochen. Besonders Hunde, die vorher der Platzhirsch in der Familie waren, die immer noch permanent auf der Couch thronen und sich durch andauernde Bestechung mit Leckerchen und mangelnde Erziehung in der Rangfolge gleichauf oder über den Haltern einordnen, können – unabhängig von Hunderasse und -größe – gefährlich werden, wenn ein (aus Hundesicht rangniedrigeres) Baby ins Rudel aufgenommen wird.

Abgesehen von der Grundregel »Kinder nie mit dem Hund allein lassen« gebe ich Hundehaltern mit Babys oder Kleinkindern für den Anfang folgende Aufgabe: Sie dürfen den Hund nicht an das Kind ranlassen und das Kind nicht an den Hund. Zeigen Sie dem Hund, dass Sie »bissig« werden, sobald er sich dem Kind nähert. Auf diese Weise minimieren Sie das Risiko, dass etwas passiert, und handeln dabei auch noch so artgerecht wie menschenmöglich – denn eine Hundemutter würde genau auf diese Weise dafür sorgen, dass kein anderer Hund ihren Welpen zu nahe kommt. Ihr Hund ist ganz sicher nicht beleidigt, wenn Sie so handeln. (Er ist überhaupt nie beleidigt, vergleiche Kapitel 6, »Der ›Mein Hund ist beleidigt‹-Irrtum«). Sobald der Hund einmal gespeichert hat, dass er sich dem Baby nicht nähern darf, können Sie nach und nach Kontakt zulassen – aber nur kontrolliert (der Hund bleibt beispielsweise an der Leine!), sodass das Baby bzw. Kleinkind nicht gefährdet wird. Ein regelmäßiges kurzes Beschnuppern oder Abschlabbern ist okay (sofern der Hund geimpft und entwurmt ist), mehr erst mal nicht. Bedenken Sie, dass schon ein spielerischer Schwinger mit der Pfote, der unter Hunden völlig normal ist, einem Baby schwere Verletzungen zufügen kann. Wenn Ihr Kind aus dem Krabbelalter raus ist und sich Hund und Kind aneinander gewöhnt haben, gilt es jederzeit auf die Körpersprache Ihres Hundes zu achten: Ist ihm das Verhalten des Kindes unangenehm? Zeigt er Meideverhalten und dreht sich weg bzw. entfernt oder verkriecht er sich?

»Lesen« Sie Ihren Hund, reagieren Sie frühzeitig und greifen Sie ein. Manchmal hat der Hund Lust, mit Kindern zu spielen, manchmal will er aber auch einfach nur seine Ruhe haben. Auch Kinder können ganz schön grob sein. Wenn ein Hund sich durch ein Kind provoziert fühlt (so wie Rex im obigen Beispiel), wird er sich zur Wehr setzen – und als Greifwerkzeug hat er nur sein Maul.

Wie zeige ich meinem Hund, dass er sich einem Baby oder Kleinkind nicht nähern darf? Um dies zu illustrieren, möchte ich Ihnen die Geschichte von Familie Brehme und Boris erzählen. Die Brehmes sind ein Paar Mitte 30, das gerade sein erstes Kind bekommen hat. Boris ist ein fünf Jahre alter Terrier-Mischling, der schon als Welpe zu den Brehmes kam und von seinen natürlichen Anlagen her ein recht dominantes Tier ist. Durch inkonsequente Erziehung, Verhätschelung, permanente Bestechung mit Leckerchen und Blümchentraining in der Prägephase hat sich Boris zwischenzeitlich zu einem echten Problemfall entwickelt.

Als Ersthund war er für die damals noch kinderlosen Brehmes sicher alles andere als die ideale Wahl. Er zog wie wild an der Leine, knurrte Herrchen und Frauchen vom Sofa aus an und attackierte auf der Hundewiese regelmäßig andere, zum Teil viel größere Rüden. Das lag auch daran, dass sich Herr und Frau Brehme in der Erziehung selten einig waren und Probleme hatten, Boris zu korrigieren bzw. ihm Grenzen aufzuzeigen. Auch eine Kastration brachte nicht die von den Brehmes erhoffte Entspannung, sowohl die Aggression gegen Rüden als auch das Dominanzverhalten blieben erhalten.

Den Hund wegzugeben kam nicht infrage, die Brehmes waren bereit zu kämpfen. Mit konsequentem Training bekamen sie ihren Hund so weit in den Griff, dass ein einigermaßen geregelter und entspannter Alltag wieder möglich war: Die beiden zogen eine gemeinsame Linie durch, lasteten Boris durch viel Fahrradfahren aus, fanden einige Hündinnen, mit denen er regelmäßig spielen konnte, und mieden beim Freilauf Orte mit hoher Hundedichte. Doch obwohl die Brehmes ihr Bestes gegeben haben, wird

Populäre Erziehungsfehler vermeiden

Boris in ihrer Obhut nie ein Hund werden, den man bedenkenlos auf einer Hundewiese laufen lassen und jederzeit abrufen kann. Zu sehr hat er sich in der Prägephase als dominanter Rüde ausgelebt. Deshalb war ich mir ziemlich sicher, dass neue Probleme auftauchen würden, sobald die Brehmes Familienzuwachs bekämen.

Als ich Boris nach anderthalb Jahren Trainingspause wiedersehe, merke ich sofort, dass seine konsequente Erziehung nachgelassen hat. Boris spielt sich schon an der Wohnungstür als Hausherr auf und zeigt dominante Allüren. Zum Glück nicht so schlimm wie bei unserer ersten Begegnung, aber ausreichend, um die Brehmes, die kurz zuvor Eltern geworden sind, fast an den Rande eines Nervenzusammenbruchs zu treiben. Das Baby schläft in der Wiege direkt neben dem Ehebett, Boris wie gewohnt im Wohnzimmer in seinem Körbchen. Immer wenn das Baby aufwacht und aus Hunger oder einem anderen Grund zu schreien beginnt – also ziemlich oft und mehrmals pro Nacht –, reagiert Boris mit einem Bellkonzert, rennt zur Wiege und springt daran hoch. Wenn das Baby nur leise wimmert, hörbar atmet oder sich mit irgendwelchen Geräuschen bemerkbar macht (was häufig der Fall ist), antwortet Boris mit Dauerfiepen. Nach drei mehr oder weniger schlaflosen Nächten ruft mich Familie Brehme zu Hilfe. »Boris will unsere kleine Tochter beschützen, wenn sie weint«, so ihre Interpretation. Ich beobachte die Situation: Boris will das Baby nicht »beschützen«, er ist irritiert von den veränderten Lebensumständen. Ein neues Rudelmitglied stellt die bisherigen Gewohnheiten auf den Kopf. Es macht Geräusche, die er bisher noch nie in der Wohnung gehört hat, es bringt unbekannte Gerüche ins Haus und zieht ständig die Aufmerksamkeit von Herrchen und Frauchen auf sich.

Herr und Frau Brehme wiederum sind hin- und hergerissen zwischen dem Wunsch, Boris aus Rücksicht auf die kleine Tochter zu maßregeln, und einem schlechten Gewissen, weil sie nur noch wenig Zeit für ihn aufbringen. Die Rücksichtnahme auf das Baby bremst auch die Hundeerziehung aus: Statt Boris deutlich zu korrigieren, flüstern sie »Aus!«, sobald Boris zu bellen beginnt oder an der Wiege hochspringt, damit die Kleine nicht gestört wird. Kurz nach der halbherzigen Korrektur wird Boris schon wieder gestreichelt – wenn sie gerade mal eine Hand frei haben.

Das muss sich nun ändern: Deshalb bekommt Boris in der Wohnung die Leine umgelegt, damit er leicht und schnell zu kontrollieren ist. Familie Brehme muss ihn fortan mit einem kurzen Leinenruck aus dem Handgelenk in Verbindung mit dem Kommando »Nein!« (siehe Kapitel 3, »Mit der Leine artgerecht ›beißen‹«) korrigieren, sobald er Anstalten macht, zu bellen oder zu fiepen oder sich in Richtung Baby zu bewegen. Boris soll lernen: Wenn ich mich der Wiege bzw. dem Baby nähere, tut mir das nicht gut. Mir geht's besser, wenn ich mich fernhalte. Das klappt sehr gut. Nach nur einer halben Stunde Korrektur-Training haben wir Boris so weit, dass er das Baby meidet. Auch Bellkonzerte und Dauerfiepen stellt er ab.

Familie Brehme bekommt an diesem Punkt weitere Instruktionen, um das bisher Erreichte zu halten und zu vertiefen: Boris muss in der Wohnung weiterhin die Leine tragen und wird, sobald er bellt oder fiept, mit einem kurzen Leinensignal korrigiert. Außerdem muss die Familie darauf achten, dass beim Füttern des Babys kein Essen auf den Boden fällt, denn die »Beute« des Babys ist für Boris tabu. Ganz wichtig: Die Familie hat für Boris zwar weniger Zeit als früher, aber der Hund darf nicht zu kurz kommen oder ausgeschlossen werden. Die Brehmes sollen (wie alle Hundehalter mit Kindern!) versuchen, ihren Tag so einzuteilen, dass sie Boris in der ihm zur Verfügung stehenden Zeit so intensiv wie möglich auslasten – und ihm auch die verdienten Streicheleinheiten zu geben, etwa wenn das Baby schläft.

Sechs Wochen nach dem »Baby weint, Hund bellt«-Notruf besuche ich die Brehmes noch einmal: In den ersten Tagen nach unserem Termin mussten sie Boris jeweils zwei- bis dreimal am Tag korrigieren, danach hatte er das Meidverhalten so verinnerlicht, dass er wieder ohne Leine in der Wohnung sein konnte. Nun besprechen wir die nächsten Schritte des durchaus langen Weges, Baby und Hund so risikoarm wie möglich aneinander zu gewöhnen. Das Baby der Brehmes kommt nämlich bald ins Krabbelalter. Ein krabbelndes Baby auf »vier Beinen« erscheint einem Hund zunächst wie ein Artgenosse, deshalb neigt er dazu, es auch wie einen solchen zu behandeln. Und das kann sehr gefährlich werden, denn wenn Boris nur einmal spielerisch die Pfote ausfährt, hat das Baby schon einen Kratzer im Gesicht. Daher steht für die Brehmes eine neue Aufgabe auf dem Plan: Nicht nur der Hund soll sich vom Baby fernhalten, auch das Baby soll den Hund meiden. Die Erziehung des Kindes ist allerdings die deutlich schwierigere Aufgabe. Sie wird aber im Lauf der Zeit – vom Kleinkindalter über die Kindergartenzeit bis zur Einschulung – immer leichter, weil das Kind mit zunehmendem Alter besser versteht, dass auch der Hund ein Ruhebedürfnis und eine Schmerzgrenze hat. Generell muss jedes Elternpaar dabei auch ein bisschen nach Gefühl handeln: Was kann ich wann zulassen im Kontakt zwischen Kind und Hund? Bei einem eher schwierigen, dominanten Exemplar wie Boris sollte man mehr Vorsicht walten lassen als bei einem gut erzogenen, eher unterwürfigen Hund.

Bringen Sie Ihrem Kind in jedem Fall bei, dass der Rückzugsort, der Fressnapf sowie die Spielzeuge des Hundes absolut tabu sind. Das Kind darf also nicht an das Kissen bzw. den Korb des Hundes ran, es darf ihn weder beim Fressen stören noch sein Spielzeug benutzen. Auch wenn Sie mit einem drei- oder vierjährigen Kind schon üben können, dem Hund Kommandos wie »Sitz!« oder »Platz!« zu geben, bedeutet es noch lange nicht, dass Ihr Hund das Kind als ranghöher einstuft, wenn er das Kommando befolgt. Wie schon gesagt: Nach meiner Erfahrung akzeptieren Hunde Kinder erst als Erziehungsberechtigte, wenn diese etwa acht Jahre sind. Sie kennen Ihr Kind, Sie kennen Ihren Hund. Nur Sie allein können entscheiden, ab wann Ihr Kind in der Lage ist, den Hund auch ohne Ihre Unterstützung zu führen und zu kontrollieren. Es gibt Achtjährige, die das bereits sehr gut können, es gibt aber auch Zwölfjährige, die besser nicht mit einem Hund allein bleiben sollten.

Das »Halter schwer erziehbar«-Phänomen

Eine sonntägliche Hundegruppe. Das Training beginnt um zwölf Uhr. Um Viertel vor zwölf trudeln die ersten Teilnehmer ein, spazieren die paar Hundert Meter vom Parkplatz zum eingezäunten Trainingsplatz. Man kennt sich, unterhält sich angeregt und achtet dabei wenig auf die Hunde. Die wiederum wissen schon, was kommt, sobald sie aus Herrchens oder Frauchens Auto gesprungen sind. Die meisten ziehen ihre Halter in freudiger Erregung und an straffer Leine Richtung Trainingsplatz. Dort angelangt, bekommen Hunde und Halter eine Lektion zum Thema Leinenführigkeit (Regel: Die Leine muss beim Gassigehen locker durchhängen und darf nicht unter Spannung kommen). Viertel vor eins: Das Training ist vorbei. Nun dürfen die Hunde ihre Halter wieder an straffer Leine zurück zum Auto ziehen, während diese über das diskutieren, was sie gerade gelernt haben. Zugegeben: Die Geschichte ist überspitzt formuliert. Dennoch ist sie ziemlich nahe an der Realität – und ein gutes Beispiel dafür, wie schwer erziehbar viele Hundbesitzer sind.

»Hör mal, ich komm mit meinem Herrchen irgendwie gar nicht klar. Der ist immer so unsicher und inkonsequent, und ich weiß nie, woran ich bin. Kannst du mir vielleicht helfen, den zu erziehen?« Wenn Hunde sprechen könnten, würden meine Trainerkollegen und ich diesen Satz wahrscheinlich ziemlich oft hören. Auch wenn Hunde relativ »zuverlässig« auf bestimmte Kommandos und Signale reagieren, ist es entscheidend, dass die Menschen zuverlässig in der Lage sind, diese Kommandos und Signale zum richtigen Zeitpunkt und konsequent anzuwenden – und zwar nicht nur auf dem Hundeplatz, sondern jederzeit und überall. Da wir Menschen viel weniger über Instinkt und Reflexe und weit mehr über Verstand und Gefühle funktionieren, sind wir viel weniger berechenbar – und produzieren eine höhere »Fehlerquote«. Aus meiner Erfahrung als Hundetrainer kann ich sagen, dass zu etwa 30 Prozent der Hund und zu rund 70 Prozent Herrchen und Frauchen erzogen werden müssen. Wenn die Pflegeanleitung vorgibt, dass ich den neuen Wollpullover nur mit der Hand waschen darf, ich ihn aber aus Faulheit in die Waschmaschine stecke, dann muss ich mich nicht wundern, wenn er einläuft. Will sagen: Manchmal reicht schon ein falscher Waschgang, um erste Trainingserfolge wieder zunichtezumachen.

Bei meiner Arbeit erlebe ich Kunden, die mit voller Konzentration trainieren und ziemlich schnell Erfolge erleben, aber auch solche, die sich quälen und schließlich sogar aufgeben, weil sie nicht in der Lage sind, Regeln gegen den »Willen« ihres Hundes durchzusetzen. Darüber hinaus gibt es auch Kunden, die den Begriff »Konsequenz« ganz neu definieren: »Herr Lenzen, der Sparky darf bei uns jetzt gar nicht mehr aufs Sofa, außer sonntags, da machen wir immer eine Ausnahme.«

Kein Wunder also, dass ein Hundetrainer immer auch ein Gespür für die Befindlichkeit des Menschen braucht. Ich muss erkennen, wenn sich ein Kunde selbst im Weg steht, und ihm auf respektvolle Art und Weise klar-

Populäre Erziehungsfehler vermeiden

machen, dass er mindestens so viel an sich selbst arbeiten muss wie mit seinem Hund. Oder dass er sich mit seiner Einschätzung, welche Ursache die Probleme des Hundes haben, auf dem Holzweg befindet. Besonders kompliziert wird es, wenn ein Kunde erst einmal ausführlich erklärt, wie viele Hunde er schon im Leben gehalten hat und wie gut er mit ihnen klargekommen ist – und dann irgendwann doch die Hosen runterlässt: »Aber dieser hier ist irgendwie anders.« Kurz: Der Problemhalter sucht die Ursachen des Problems ausschließlich bei seinem Hund und nicht bei sich selbst.

Seit einigen Jahren erweist sich auch das durch die Medien geprägte Bild vom Hundetraining zunehmend als Problemfaktor: Die Halter erzählen, dass sie ihren Hund genauso erzogen haben, wie es ihnen ein Trainer im Fernsehen oder in einem Hunde-Ratgeber vorgemacht hat. »Das hat bei unserem Hund aber nicht funktioniert. Was machen wir falsch?«, kommt dann häufig als Frage. Ich erkläre den Hundehaltern in solchen Fällen, dass sich Erziehungsmethoden selten eins zu eins auf den eigenen Hund übertragen lassen. Denn nur der Trainer, der den Hund »live« erlebt, ist in der Lage, ihn richtig zu interpretieren. Besonders das Training mit Leckerchen funktioniert wie gesagt nicht mit jedem Hund und kann sogar für viele Probleme mitverantwortlich sein.

Natürlich spielt bei der konsequenten Hundeerziehung auch der Faktor »Zeit« eine wichtige Rolle. Ein berufstätiger Hundehalter wird wahrscheinlich weniger schnell Erfolge feiern als einer, der viel Zeit fürs Training hat. Wer absehen kann, dass er nicht die notwendige Zeit aufbringen kann, sollte mit der Anschaffung eines Hundes lieber bis zur Rente warten.

Kapitel 3
Dem Hund Grenzen setzen

Mit der Leine artgerecht »beißen«

Hundemütter loben nicht. In der Hundewelt wird, wie schon gesagt, durch Zurechtweisung erzogen – auch wenn das nicht so recht zu den Idealen unserer modernen westeuropäischen Menschenwelt passt. »Zurechtweisung« ist dabei keineswegs mit »Bestrafung« gleichzusetzen. Im Zusammenhang mit der »Leckerchen-Lüge« habe ich es bereits angesprochen: Herrchen und Frauchen sollten so weit wie möglich die Muster der Erziehung zwischen Hund und Hund kopieren. Natürlich können Sie schlecht nach Ihrem Hund schnappen, wenn Ihnen etwas nicht passt. Zur Korrektur unerwünschten Verhaltens können Sie aber die Leine auf eine Art und Weise einsetzen, die eben diesen erziehenden Biss der Hundemutter oder des Erzieherhundes simuliert – ein kurzes, vollkommen unblutiges Zwicken, Greifen, Beißen oder Stoßen im Hals- oder Nackenbereich, wo die Haut faltig und weniger empfindlich ist, als viele denken. (An der Flanke würde die Haut nach einem Biss viel schneller einreißen.)

> **IRRTUM NR. 13:**
> **»Die Hundemutter schüttelt ihren Welpen im Nacken, um ihn zu bestrafen – also mache ich das auch.«**
> Falsch! Die Hundemutter benutzt ihre Nase, um den Welpen im Nacken anzuschubsen, sie würde ihn aber niemals am Nacken packen und schütteln, denn das Nackenschütteln steht in der Hundewelt für den »Beuteschlag«. Sprich: Ein Kaninchen oder eine Ratte wird totgeschüttelt. Vielleicht haben Sie dieses Verhalten schon einmal in spielerischer Form bei Ihrem Hund erlebt, als er einen Lappen oder ein Stofftier mehrere Sekunden wie wild hin- und hergeschüttelt hat. Für einen Hundewelpen wäre eine solche »Bestrafung« jedoch alles andere als Spaß oder Spiel, sondern ein schlimmes, (todes)angsteinflößendes Signal.

Der »erziehungsberechtigte« Hund weist den Jüngeren mit einem Biss in den Hals in seine Grenzen

Zweibeiner »beißen« mithilfe eines kurzen Leinenrucks aus dem Handgelenk. Wichtig dabei: Die Leine muss so gehalten werden, dass sie nicht wegrutschen kann – Schlaufe um den Daumen, Hand schließen, die andere Hand direkt anschließen und das Ganze vor die Brust nehmen.

  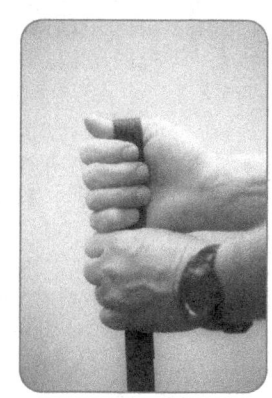

Dem Hund Grenzen setzen

In dieser Position können Sie den Leinenruck mit einer kleinen Bewegung auch an einen größeren Hund weitergeben. Die Leine wird nur für einen Sekundenbruchteil auf Spannung gebracht und muss vorher und nachher – das ist entscheidend – locker durchhängen. Es geht nicht darum, den Ruck mit besonderer Wucht auszuführen und den Hund wegzuzerren, und schon gar nicht darum, ihm Schmerzen zu bereiten. Ein kurzer Impuls aus dem Handgelenk reicht, etwa so, als würden Sie eine Peitsche schnalzen lassen. Auf diese Weise rufen Sie bei einem Hund, der gerade etwas Unerwünschtes macht, wenn er zum Beispiel an der Leine zieht oder sich ein weggeworfenes Brötchen vom Boden schnappen will, eine Schrecksituation hervor. Der Leinenruck holt meinen Hund aus einer Aktion heraus, nimmt ihm die Motivation und verhindert, dass er sein Ziel erreichen kann und ein Erfolgserlebnis hat. Außerdem unterstreiche ich dadurch, wer im Rudel das Sagen hat (denn auch ein Mensch und ein Hund sind zusammen bereits ein Rudel!). Häufig wird der Leinenruck mit einem Antippen auf die Schulter verglichen, das zum Ziel hat, die Aufmerksamkeit des Angetippten ab- bzw. umzulenken.

Entscheidend für einen korrekt ausgeführten Leinenruck ist, dass er – genau wie das Lob – zum richtigen Zeitpunkt und darüber hinaus angemessen dosiert erfolgt. Das kann (fast) jeder lernen, aber es erfordert weitaus mehr Aufwand, Willen und Konsequenz, als den Hund mit Leckerchen zu bestechen. Ich vergleiche das gern mit dem Führerschein. Auch beim Autofahren geht es weniger um Talent, sondern vielmehr um geduldiges Üben. Dem einen fällt es leichter, der andere scheitert am Anfang immer wieder daran, ein Gefühl für die Koordination von Gaspedal und Kupplung zu entwickeln – und schließlich klappt es in den allermeisten Fällen trotzdem. Autofahren lerne ich eben nicht, indem mir der Fahrlehrer ein paar Bonbons zusteckt.

Wer Unarten wie Dauerbellen oder Leineziehen frühzeitig mit einem richtig ausgeführten Leinenruck korrigiert, wird später keine bzw. weniger Probleme haben. Schwieriger stellt sich die Situation dar, wenn sich der Hund das schlechte Benehmen bereits angewöhnt und sich im übertragenen Sinne eine »Hornhaut« zugelegt hat. Ein solcher Hund ist oft schreckresistent und »immun« gegen eine Leinenkorrektur. Bei »eingeübten« Dauerziehern kann ein falsch ausgeführter Leinenruck (zu sanft, zu stark, zu spät, zu lang) das Fehlverhalten sogar noch verstärken. In solchen Fällen ist professionelle Anleitung notwendig. Das gilt auch, wenn große, schwere Hunderassen von eher zierlichen Menschen an der Leine geführt werden oder wenn der Hund aus medizinischen Gründen (zum Beispiel, weil er einen Wirbelschaden hat) nicht trainierbar ist.

> **IRRTUM NR. 14:**
> **»Ein Leinenruck ist Tierquälerei.«**
> Falsch! Ein richtig dosierter und getimter Leinenruck simuliert ein kurzes Zwicken der Hundemutter in den Nacken und hat nichts mit Tierquälerei zu tun. Wenn er angewandt wird, um einem Hund das Dauerziehen an der Leine sowie Aggressions- und Bellverhalten abzugewöhnen, so ist das im Gegensatz zur Bestechung mit Leckerchen nicht nur weitaus effektiver, sondern auch artgerecht. Selbstverständlich muss der Leinenruck mit entsprechendem Fingerspitzengefühl ausgeführt werden. Ein abgestumpfter Dauerzieher benötigt eine andere Ansprache als ein eher zarter, kleiner Hund. Will sagen: Schießen Sie nicht mit Kanonen auf Spatzen. Im Zweifelsfall sollten Sie die technischen Fertigkeiten bei einem Experten lernen, statt wild draufloszurucken. Vorsicht: Es kann zu Schädigungen der Halswirbel kommen, wenn Laien statt eines normalen Halsbandes ein Kettenhalsband verwenden. Von solchen Halswirbelschädigungen sind übrigens häufig auch Hunde betroffen, die im Alltag an der Kette gehalten werden und immer wieder ruckartig daran zerren. Aus diesem Grund ist Kettenhaltung komplett abzulehnen!

Problemhunde unterordnen

Entgegen der undifferenzierten Komplett-Ablehnung des Leinenrucks durch Blümchentrainer und Co. bin ich als Leinenruck-Befürworter keineswegs der Meinung, dass man einen Hund in jedem Fall und in jeder Situation mit dessen Hilfe erziehen muss. Einem leicht erziehbaren »Blümchenhund« begegne ich auf »Blümchenebene«, das heißt: Kondi-

Dem Hund Grenzen setzen

tionierung auf Hörzeichen, kein Leinenruck, positive Verstärkung durch Lob (aber ohne Leckerchen!). Allerdings wird man damit bei Problemhunden in der Regel nicht weit kommen. Problemhundtrainer treffen überwiegend auf Hunde mit mindestens zwei bis drei der folgenden Eigenschaften: aggressiv, stark, groß, schnell, kampffreudig, hyperaktiv, entschlossen, bissig. Sie sind häufig von einem Halter zum nächsten geschoben worden, kommen oft aus dem Ausland oder aus dem Tierheim und sind meist älter als zwei Jahre. Solche in ihrem Extremverhalten »durchgeprägten« Hunde lassen sich von »Blümchenmethoden« meist nicht beeindrucken bzw. sind erst durch diese Methoden zum Problemhund geworden. Viele sind bereits aus der Hundegruppe einer Blümchenschule ausgeschlossen oder dort nach erfolglosem Einzeltraining als »verhaltensgestört« und »nicht therapierbar« abgestempelt worden. Ich spreche aus Erfahrung: Der Großteil der Hundehalter, die zum Einzeltraining zu mir kommen, hat vorher mindestens eine andere Hundeschule ausprobiert. Viele haben ihr Glück sogar bei drei oder vier Trainern versucht. Bei besonders schwierigen Fällen höre ich manchmal: »Sie sind unsere letzte Hoffnung, sonst müssen wir unseren Hund abgeben oder einschläfern lassen.«

Trainer, die wie ich in bestimmten Fällen auf den Leinenruck als Bestandteil der Hundeerziehung vertrauen, scheinen im Zuge des Booms von Leckerchen, Klicker, Halti und Futterbeutel (vergleiche Kapitel 5, Überschätzte Hilfsmittel bei der Hundeerziehung) und Hunde-Esoterik (Bach-Blütentherapie, Hand auflegen, Energie fließen lassen, Telepathie Mensch-Hund) zur Minderheit geworden zu sein. Was zum einen an den vielen neuen Hundetrainern liegt, die einen Teil vom großen Kuchen abhaben möchten und den schnellen, Erfolg versprechenden und auf Leckerchen-Bestechung basierenden Blümchenweg wählen (was, wie schon gesagt, für Labradore und andere Blümchenhunde nicht notwendigerweise schlecht sein muss). Zum anderen vermeiden viele Kollegen, die – wenn nötig – mit Leinenruck arbeiten, diese Methode in den Medien oder auf Ihrer Website zum Thema zu machen, nicht zuletzt, um der »Golden-Labby-Lobby« keine Angriffsfläche zu bieten. Manchmal wird der Leinenruck auch als Leinenimpuls, Leinenkorrektur oder Leinensignal bezeichnet – weil das nicht ganz so »böse«

klingt. Neben einigen wenigen, oft sehr erfahrenen und renommierten deutschen Kollegen vertraut übrigens auch der führende amerikanische Hundetrainer Cesar Millan auf den Leinenruck – und ist dafür im Internet regelmäßig Hasstiraden angeblicher »Tierfreunde« ausgesetzt. Ignoranz verhindert hier einen klaren Blick auf die Fakten. Denn ein Training mit korrekt eingesetztem Leinenruck hat schon viele Problemhunde von ihrer Rudelführer-Position gestoßen und vor dem Einschläfern gerettet – ein Haufen Leckerchen, Klickertraining oder Bach-Blüten tun das ganz sicher nicht. Ist eben auch alles eine Frage von PR und Marketing. Versuchen Sie mal, einen Leinenruck positiv zu verkaufen! Die Bilder, die dabei im Kopf entstehen, sind natürlich lange nicht so positiv besetzt wie die Gabe eines Leckerchens – auch wenn es in beiden Fällen darum geht, den Hund zu beherrschen: artgerecht nachgeahmte Korrektur versus unnatürliches Abhängigmachen. Gefragt ist eben nicht immer das, was in der Hundewelt üblich ist und am besten wirkt, sondern das, was in der Menschenwelt am ehesten irgendwelchen Trends oder dem Zeitgeist entspricht.

Wer sich zum Thema Leinenruck in den Hundeforen im Internet umschaut, stellt schnell fest, dass es dabei hitzig und hochemotional hergeht. Die Argumente werden oft dermaßen wild durcheinandergeworfen, dass der Laie hinterher gar nicht mehr durchblickt. Die Befürworter einer sanften und leisen Erziehung kommen schnell mit dem pauschalen Vorwurf der Tierquälerei. Wird ein Hund durch einen Leinenruck gequält? Die differenzierte Antwort lautet: Nein. Außer, wenn der Leinenruck wiederholt und über einen längeren Zeitraum falsch ausgeführt wird – sonst nicht!

Was in der Diskussion oft vergessen wird: Wenn ein Hund einen Adrenalinkick bekommt (zum Beispiel weil er einen Artgenossen auf der anderen Straßenseite sieht) und in die straffe Leine springt, verpasst er sich im Grunde selbst einen Leinenruck – ohne Herrchens oder Frauchens Einwirkung. Notorische Leinenzieher und In-die-straffe-Leine-Springer sind einer permanenten Belastung der Halswirbel und zusätzlich einer erheblichen psychischen Belastung ausgesetzt. Korrigiert ein Halter einen solchen Problemhund kurzfristig mit einer wohldosierten, an seinen Körperbau angepassten Leineneinwirkung, wird er früher oder später ganz aufhören, an der Leine zu ziehen.

Dem Hund Grenzen setzen

Das verleitet mich zu einer provokant zugespitzten Frage an Leinenruck-Gegner: Was ist Ihnen lieber – ein Hund, der sein ganzes Leben lang auf Dauerzug verbringt und damit definitiv seine Halswirbel schädigt, oder einer, der durch eine kurzfristige dosierte Leineneinwirkung vom Dauerzieher zum Musterschüler wird? Schließlich dauert ein erfolgreiches Leinenruck-Training kein ganzes Hundeleben, sondern nur einige Tage bis Wochen. Danach sind allenfalls gelegentliche Nachkorrekturen nötig – solange man folgende Regel einhält: Der Hundehalter hält seinen Hund sowie die Umgebung unter ständiger Beobachtung und ist in Gedanken permanent »einen Schritt« voraus. Der Hund spürt das, unterlässt seine Unarten, respektiert den Halter als Ranghöheren – und lebt dadurch viel ausgeglichener und entspannter. Hund entspannt, Halter entspannt, Teufelskreis durchbrochen.

Bei manchen Problemfällen kommt es vor, dass ich mit einem besonderen Hilfsmittel arbeite. Es hat nach innen gerichtete Metallstifte und ist in Deutschland in fast jedem Tiergeschäft zu haben: das Schüttel-Ruck-Halsband, auch Stachelhalsband genannt.

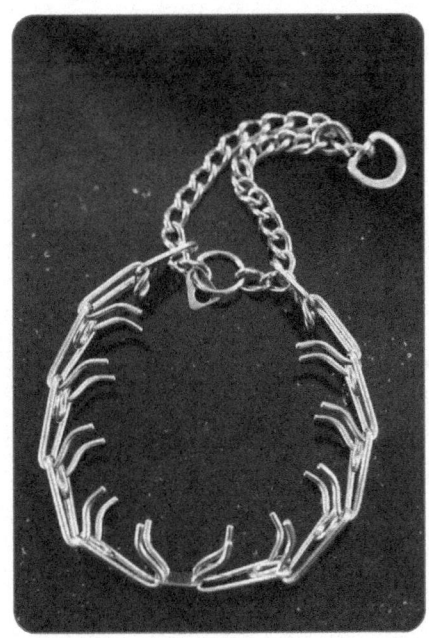

Ein Schüttel-Ruck-Halsband

Die Krallen im Halsband imitieren die Zähne des Ranghöheren im Rudel, ein durch die Leine ausgelöster »Biss« kommt somit deutlich stärker beim Hund an als beim normalen Halsband. Dabei darf die Leine nicht auf Zug sein. Der Hund darf die Krallen nur für die Sekunde spüren, in der der Halter den Leinenimpuls auslöst – danach muss die Leine sofort wieder locker durchhängen. Ich bin mir sicher, dass der Erfinder dieses Halsbandes nicht im Sinn hatte, Hunde damit zu quälen – im Gegenteil. Dennoch plädiere ich dafür, dass Schüttel-Ruck-Halsbänder nicht mehr frei verkauft werden dürfen. Denn in den Händen eines unerfahrenen, ungeduldigen oder wütenden Hundehalters wird es schnell zum Folterinstrument – auch wenn es nicht, wie viele Menschen aufgrund des Namens glauben, über richtige, spitze Stacheln verfügt. Klar, mit dem neuen Schüttel-Ruck-Halsband hört der Hund wie von Zauberhand auf zu ziehen. Doch was ist der Preis für diesen vermeintlichen Erfolg? Es mag nicht allen Anwendern bewusst sein, aber die tägliche Verwendung eines Stachelhalsbandes hat in etwa den gleichen Effekt wie die tägliche Einnahme von Kopfschmerztabletten. Irgendwann wirken sie nicht mehr – auch nicht in der Maximaldosis –, denn mit der Zeit stumpft der Körper ab. Irgendwann spürt der Hund die Stacheln nicht mehr – besonders dann, wenn die Leine (fälschlicherweise!) oft unter Spannung steht. Doch bis es so weit kommt, erleidet der betroffene Hund physische und psychische Schäden – umso mehr, wenn Größe und Stärke des Stachelhalsbands falsch ausgewählt wurden. All das passiert aus Unwissen oder Naivität – häufig aber auch, weil Hundebesitzer schlichtweg zu faul sind, um mit ihrem Hund zu trainieren. Keine Anstrengung, keine Mühe, keine Konzentration – einfach das »Zauberhalsband« aus Metallgliedern umlegen, und der Hund funktioniert.

Auch wenn meine Trainerkollegen und ich Hundehalter, die unbedacht zu einem Schüttel-Ruck-Halsband gegriffen haben, in den meisten Fällen bremsen und davon abhalten, es weiterzubenutzen, laufen auf Deutschlands Wiesen und Wegen immer noch Tag für Tag Hunde mit solchen Halsbändern durch die Gegend, weil ihre Besitzer entweder keinen fachkompetenten Rat eingeholt zu haben oder meinen, es besser zu wissen. Grausames Verhalten, arme Hunde.

Ist der Einsatz des Schüttel-Ruck-Halsbands tabu? Nein, es gibt Hunde, die durch das ständige Ziehen an der Leine so abgestumpft sind, dass nichts anderes mehr hilft. In den Händen eines trainierten Menschen verwandelt sich das Folterinstrument dann jedoch in ein hochsensibles Trainingsgerät. Dieses Training sollte allerdings nur unter fachlicher Anleitung erfolgen. Wie gesagt: Die Halsung mit nach innen gerichteten, stumpfen Metallstacheln bewirkt, dass sich der durch Leinenruck simulierte »Biss« um ein Vielfaches verstärkt. Das kann bei Problemhunden, die extrem stark und/oder extrem aggressiv sind, unter Umständen der einzige Weg sein, um sie zu trainieren und wieder »hinzubekommen«.

Manch einen Problemhund hat das Schüttel-Ruck-Halsband schon vor dem Einschläfern bewahrt. Doch auch für solche Hunde darf es kein Dauerzustand sein. Nach erfolgreichem Training sollten sie wieder am herkömmlichen Halsband durchs Leben laufen. Ich persönlich setze bei schwierigen und körperlich starken Problemhunden zusätzlich zum Stachelhalsband ein zweites, »normales« Halsband ein. Beide Halsbänder hake ich in eine verstellbare Leine mit zwei Karabinerhaken ein. So habe ich die Möglichkeit, die Korrektur optimal und auf die Situation abgestimmt zu dosieren. Bei kleineren »Bissen« reicht das normale Halsband, muss ich stärker auf den Problemhund einwirken, »beiße« ich mit dem Schüttel-Ruck-Halsband.

Mit Disziplin und Konsequenz Orientierung geben

Sie erinnern sich an Yorkshireterrier Jerry und die »Zu schnell auf Du und Du«-Falle, in die seine Besitzer getappt sind? Nun, dann wird Sie sicher interessieren, wie King Jerry – mithilfe des Leinenrucks – entthront worden ist.

Herrchen und Frauchen haben Jerry durch mangelnde Konsequenz auf die Chef-Position gehoben, die für jeden Hund mit permanentem Stress verbunden ist. 24 Stunden täglich »Türsteher« und »Security« – wer kann da schon entspannt und ausgeglichen sein? Für den Hundehalter hingegen bedeutet es deutlich weniger Anspannung, die einmal erlangte Rolle als Rudelführer im Alltag zu verteidigen. Auch dann, wenn er von Natur aus nicht unbedingt eine Führungspersönlichkeit ist. Jeder Mensch kann lernen, seinen Hund zu führen und ihm Orientierung zu geben.

Als ich bei Jerrys Familie zur ersten Trainingsstunde klingele, höre ich – erwartungsgemäß – heftiges Bellen. Die Wohnungstür öffnet sich einen kleinen Spalt und der kleine Jerry versucht, sich zähnefletschend durch den Türspalt zu zwängen. Er trägt weder Halsband noch Leine. Nach meiner freundlichen, aber bestimmten Aufforderung, den Hund an die Leine zu nehmen und ihn mir zu übergeben, erwidert die Kundin: »Nein, nein, kommen Sie erst mal rein, aber vorher muss Jerry an Ihnen schnuppern, bleiben Sie ganz still stehen, dann tut er Ihnen nichts.« Der tut nix – diesem Versprechen haben nicht nur Hundetrainer schon oft fälschlicherweise vertraut. Ich überzeuge Jerrys Besitzerin, dass ich nur helfen kann, wenn die Familie nach meinen Regeln arbeitet. Und die besagen: Das Training mit Hunden, die ein starkes Territorialverhalten zeigen, beginnt mit der Übernahme des – angeleinten! – Hundes vor der Tür. Danach folgt ein gemeinsamer Gang in das zu verteidigende Gelände, in diesem Fall die Wohnung der Familie. Dabei ist es wichtig, dass der Kontakt zu den Besitzern erst einmal »abgebrochen« wird, damit sie den Hund nicht mehr unbewusst bestärken. Hätte ich mich vom Alpharüden Jerry ausgiebig im Hausflur beschnuppern lassen und mir so die »Erlaubnis« geholt, die Wohnung betreten zu dürfen, hätte ich mich ihm damit unterworfen – eine denkbar schlechte Ausgangslage für ein erfolgreiches Training.

Die Familie ist überrascht. »Die Leine? Drinnen?« Eine ebenso typische wie verständliche Reaktion. Ich erkläre, dass ein angeleinter Hund in vielerlei Hinsicht besser kontrollier- und erziehbar ist als ein frei laufender. Das gilt auch für die Wohnung, schließlich halten sich die meisten Hundehalter dort einen Großteil des Tages auf. »Muss Jerry jetzt in der Wohnung für immer angeleint werden?« Nein, die Anleinpflicht gilt nur, solange sich Jerry als Chef aufspielt. Im Lauf der Trainingsphase wird er Schritt für Schritt wieder von der Leinenpflicht entbunden – und läuft schließlich im Optimalfall an einer »unsichtbaren« Leine. Natürlich müssen Herrchen und Frauchen diszipliniert die neuen Regeln einhalten, die sie von mir lernen – sonst ist alles umsonst. Hundeerziehung ist auch Haltererziehung.

Ich lege Jerry eine kurze Leine an, die er leicht hinter sich herziehen kann. Für ein solches Indoor-Training sind je nach Größe des Hundes Leinen mit einer Länge von einem bis eineinhalb Metern zu empfehlen. Noch besser ist ein dünner Strick aus dem Baumarkt ohne Schlaufe, da-

Dem Hund Grenzen setzen

mit der Hund nicht an Möbelstücken oder anderen Gegenständen hängen bleibt, kein Gewicht hinter sich herschleppen muss und so die Leine fast gar nicht wahrnimmt. Durch die Leine bin ich in der Lage, Jerry jederzeit zu korrigieren – so wie es auch ein ranghöherer Artgenosse machen würde. Ohne Leine hätte ich als Zweibeiner so meine Schwierigkeiten, dem Hund hinterherzukommen. Dann bestünde die Gefahr, dass er die Korrekturversuche als Nachlauf-Spiel auffasst.

Jerry hat meine Anwesenheit zur Kenntnis genommen. Nun begibt er sich wieder Richtung »Feldherren-Position«: aufs Sofa. Sofort schnappe ich mir die Leine und bremse ihn mit einem kurzen Leinensignal. Jerry ist ein richtiges Powerpaket und beweist »souverän«, dass Yorkshireterrier ursprünglich gezüchtet wurden, um Ratten und Mäuse zu jagen. Natürlich ist das Leinensignal bei einem kleinen, zierlichen 3-Kilo-Rowdy viel schwächer als bei einem 30-Kilo-Schäferhund. Bei Jerry reicht schon ein zartes Zupfen, um ihn zu erschrecken. Ausgebremst – so etwas hat er noch nicht erlebt. Er hält sich zwar zunächst vom Sofa fern, doch ein paar Minuten später versucht er es erneut – und wird wieder mit einem leichten Leinenruck an der Thronbesteigung gehindert. »Ach du Schreck« – dieser zweite Moment scheint bereits die gewünschte Verknüpfung gebracht zu haben: aufs Sofa springen = das tut mir nicht gut, also lasse ich es.

Nach dem gleichen Muster widme ich mich Jerrys Türsteher-Allüren – allerdings bin ich diesmal nicht selbst der Besucher. Die Familie bestellt eine Nachbarin. Es klingelt. Für Jerry normalerweise ein Signal, um sofort knurrend und bellend zur Wohnungstür zu laufen und die Besucher noch im Hausflur zu beschnüffeln, sprich, sie einem »Sicherheitscheck« zu unterziehen, bevor sie in die Wohnung dürfen. Aus Hundesicht ist Jerrys bisheriges Verhalten vollkommen stimmig: Er hält sich für den Rudelführer der Familie – und handelt auch so. Würden die Besucher auf allen vieren in die Wohnung krabbeln, würde Jerry ihnen sicher auf den Rücken springen – wie bei den Bremer Stadtmusikanten. Wir haben es hier mit einem Hund zu tun, der zwar sehr klein ist, aber dafür alle Anzeichen von Dominanz- und Territorialverhalten zeigt: gespitzte Ohren, hoch aufgerichteter Schwanz, fixierender Blick.

Für den dominanten Jerry läuft der Alltag nun ab sofort anders: Schon beim Durchstarten Richtung Tür erhält er einen kurzen Leinenimpuls. Ein

Ruck ist gar nicht nötig, lediglich ein kurzes Dagegenhalten und Umleiten. Die Besucherin betritt die Wohnung. Ein paar Sekunden herrscht Ruhe. Dann fällt Jerry wieder in das alte, auf seiner »Festplatte« gespeicherte Muster zurück: Wenn schon nicht vor der Tür, dann will er die Besucherin nun zumindest in der Wohnung anspringen – ein Reizschub, den ich unmittelbar mit einem weiteren Zupfen an der Leine beantworte. Jerrys letzter »Versuch« – er bellt die Nachbarin an – erfordert noch einmal ein kurzes Zupfen. Dann gibt er auf. Er hat auch hier wie gewünscht verknüpft: Besucher anspringen oder anbellen = das tut mir nicht gut, also lasse ich es. Schließlich erlaube ich Jerry die »Geruchskontrolle«: Solange er einen Besucher nicht anspringt oder anbellt, darf er ihn beschnüffeln.

Die Familie bekommt Hausaufgaben: Sie müssen mein Verhalten aus der ersten Trainingsstunde kopieren, um das unerwünschte Verhalten auf Jerrys »Festplatte« zu überschreiben. Auf diese Weise bleibt King Jerry permanent entthront, auch wenn »Alpha-Lenzen« nicht vor Ort ist. Konsequenz ist in diesem Zusammenhang extrem wichtig! Schafft es Jerry nur einmal, wie gewohnt aufs Sofa zu hüpfen oder seine Türsteher-Ambitionen auszuleben, hat er schon ein Erfolgserlebnis und wird in seinem alten Verhalten bestätigt. In der Folge lösen sich die neu gelernten Verknüpfungen wieder auf, und das Vorhaben, Jerry von der Rudelführer-Position zu vertreiben, scheitert.

> **IRRTUM NR. 15:**
> **»Jeder Hund, der Menschen anspringt, ist dominant.«**
> Falsch! Diese Aussage trifft sicherlich auf den größeren Teil der »Anspringer« zu, aber bei Weitem nicht auf jeden. Hunde, die eher unterwürfig sind, springen Besucher oder Menschen, die vom Halter begrüßt werden, genau aus dem entgegengesetzten Grund an, nämlich weil sie ihnen als Beschwichtigungszeichen das Gesicht (die »Lefzen«) lecken wollen – und das ist für einen Hund bei stehenden Menschen nun mal nur springend zu bewerkstelligen. Man erkennt solche Hunde meistens an der entsprechenden Körpersprache: eingezogener Schwanz, ausweichender Blick, geduckte Haltung.

Dem Hund Grenzen setzen

Das Lefzenlecken als Beschwichtigungsgeste

Jerrys Familie ist voll bei der Sache und erledigt die Hausaufgaben mit Bravour. Eine Woche später, bei meinem nächsten Trainingsbesuch, hat sich der ehemalige »Sicherheitschef« schon in die neue Rangordnung eingefügt – zumindest innerhalb der Wohnung. Herrchen fällt der Leinenruck allerdings deutlich leichter als Frauchen. Wir machen einige Trockenübungen mit durchhängender und gestraffter Leine. Ich halte das eine Ende, Frauchen das andere. Damit sie noch besser versteht, wie der Leinenruck funktioniert und wie sehr eine permanent straffe Leine den Hund unter Dauerspannung setzt. Bei durchhängender Leine kommt ein Ruck aus dem Handgelenk unmittelbar beim Hund an. Es geht nicht um Kraft, man muss nur ein bisschen üben, um das Handgelenk richtig einzusetzen.

Nun sind wir bereit, das in der Wohnung Gelernte auch draußen umzusetzen. Bisher sah Jerrys Verhalten beim Gassigehen so aus: Er zog permanent, und wenn er auf der anderen Straßenseite einen Hund oder auf dem Bordstein eine Taube erspähte, sprang er regelrecht in die straffe Leine. Die Reaktion der Halter: laute, aber erfolglose Kommandos wie »Nein!« und »Aus!«, die beim adrenalin-gekickten Jerry nicht ankamen, sowie permanenter Gegenzug an der Leine, der Jerry noch mehr auf-

Der Dackel ordnet sich bereitwillig unter

Der helle Hund in der Mitte ist der Rudelboss, seine Körpersprache ist stark und selbstbewusst. Die beiden anderen Hunde zeigen durch angelegte Ohren und beschwichtigendes Lecken Unterwerfungsgesten

Durch eine Drohgebärde verteidigt der schwarze Hund seinen höheren Rang. Der Dackel unterwirft sich sofort und weiß, dass er zu keinem Zeitpunkt in Gefahr ist

Es kommt nicht auf die Größe an: Der Mops ist der Boss und zeigt das durch dominantes Auftreten, der schwarze Hund zeigt mit gesenktem Kopf, herunterhängendem Schwanz und angelegten Ohren Unterwerfungsgesten

putschte. Ein Teufelskreis, den es nun zu durchbrechen gilt. Durch das konsequente Training zu Hause hat das Ziehen draußen bereits nachgelassen. Doch wie wird Jerry bei der Begegnung mit anderen Hunden und »Beutetieren« wie Amseln oder Tauben reagieren? O-Ton Herrchen: »Da läuft Jerry immer noch Amok.«

Wir suchen die Konfliktsituationen. Eine Gruppe Tauben pickt ein paar Brotkrumen am Wegesrand. Ideal, wir nähern uns. Herrchen führt Jerry an der Leine. Sobald die Tauben in Reichweite sind, macht King Jerry wie erwartet Anstalten, mit voller Wucht in die Leine zu springen. Sein Herrchen leitet Jerrys Sprungenergie mit einem leichten Handgelenkimpuls um. Jerry erschreckt sich, seine Aufmerksamkeit ist von den Tauben abgelenkt – und auf seinen Halter gerichtet, der mittlerweile gelernt hat, wann sein Leinenruck kommen muss. Nämlich exakt bevor Jerry in Aktion tritt und springt. Käme der Leinenruck nur eine Sekunde später, wäre es bereits zu spät, um effektiv auf Jerry einzuwirken. Hat ihn der Adrenalinkick »Ich will die Tauben« erst gepackt und ist die Leine straff, nimmt er nichts anderes mehr wahr.

Um den entscheidenden Korrektur-Moment nicht zu verpassen, müssen Sie als Halter Ihren Hund und seine Umgebung sehr genau beobachten. Im Idealfall haben Sie alle Reize, auf die Ihr Hund reagieren könnte, schon vor ihm wahrgenommen. Ich will das an einem Beispiel verdeutlichen: Stellen Sie sich vor, Sie treffen abends einen alten Bekannten aus der Schulzeit. Eigentlich ein netter Mensch – aber leider auch ein stadtbekannter Schläger, zumindest früher. Man könnte auch sagen: ein schlecht sozialisierter menschlicher Alpharüde. Immer noch? Sie sind auf der Hut, beobachten Ihren Bekannten, die Menschen um ihn herum und wie er auf sie reagiert. Schon in der ersten Kneipe merken Sie, dass sich seit damals nicht viel geändert hat. Ihr Bekannter checkt sofort die Lage und sucht sich zielsicher den Typen, der am gefährlichsten aussieht, als Gegner aus. Genau in diesem Moment haben Sie Ihre letzte Chance, mit einer »Korrektur« auf ihn einzuwirken: »Lass das! Das bringt doch nichts!« Ihr Bekannter wird innehalten und Ihnen höchstwahrscheinlich recht geben. Befindet er sich bereits in einer Konfliktsituation und liefert sich mit dem anderen »Alpharüden« ein Wortgefecht, ist es zu spät. Dann hat er innerlich schon zum Schlag ausgeholt, sodass Sie ihn in seinem Adrenalinkick kaum noch bremsen können. Auch nicht, wenn Sie ihm durch gutes Zureden und durch Wegziehen einen verspäteten »Leinenruck« verpassen. Wenn Sie Pech haben, bekommen Sie im Getümmel sogar selbst einen Schlag ab und gehen mit einem blauen Auge nach Hause. Die Botschaft lautet: Alles ist eine Frage des Timings – Sie müssen schneller sein als Ihr Hund! Ein souveräner Rudelführer »scannt« beim Gassigehen permanent seine Umgebung. Er sieht den vierbeinigen Rivalen auf der anderen Straßenseite oder die Taube am Wegesrand vor seinem Hund – gleichzeitig »liest« er dessen Körpersprache. Diese umfassende und vorausschauende Sicht ist übrigens gar nicht so schwer zu erlernen, wie es sich zunächst anhört – Übung macht den Meister (mit voller Konzentration – also Handy ausschalten!).

Die gerade beschriebenen Erziehungsmuster funktionieren natürlich genauso bei größeren Hunden – richtiges Timing, optimale Dosierung und konsequente Umsetzung vorausgesetzt. Nicht jede Trainingsmethode passt zu jedem Hund. Es gibt genügend Exemplare, die sich im Alltag unproblematisch verhalten und bei denen gar keine Situationen auftreten, die einen Leinenruck erfordern – das gilt vor allem für Blümchenhunderassen wie Labrador und Golden Retriever.

Wer seinen Hund ausschließlich durch Leckerchen-Bestechung und positive Verstärkung erziehen möchte, soll das gerne machen. Das kann klappen, muss aber nicht. Wenn Sie jedoch einen Problemhund haben bzw. einen Hund durch falsche Erziehung zum Problemhund gemacht haben, kann ein vom Experten angeleitetes Leinenruck-Training die einzige Möglichkeit sein, Ihren Hund wieder »hinzubekommen« – insbesondere wenn er ein Dauerzieher ist, der oft von sich aus in die Leine springt.

Jerrys Familie hat ihren kleinen König bis heute im Griff – sie haben ihm auch sein dreistes Bellen mit der Aufforderung »Gib sofort das Essen her« erfolgreich abtrainiert. (Frage: Würden Sie Ihren Kindern erlauben, ausdauernd und mit lauter Stimme »HUNGER!« zu schreien, während Sie kochen?) Leider arbeiten nicht alle Halter so konsequent mit ihrem Hund. Auch wenn der Trainer erfolgreich vormacht, wie es geht – es braucht Disziplin und Konsequenz seitens der Halter, damit der Hund sein Verhalten dauerhaft verändert.

Kapitel 4
Die Kommando-Inflation

»Sitz!« – »Siiittz!« – »Siiiitz, hab ich gesagt!!!« Viele Halter neigen dazu, die gebräuchlichen Hörzeichen bis zu einem Dutzend Mal zu wiederholen oder in immer neuen Variationen in die Länge zu ziehen, wenn ihr Hund beim ersten oder zweiten Mal nicht folgt. Das ist kontraproduktiv, weil sich das Hörzeichen abnutzt und schließlich kaum noch einen Wert hat: Kommando-Inflation. Ebenso inflationär hören wir seit ein paar Jahren auf Wegen, Wiesen und Hundeplätzen neue Kommandos, die ein bis zwei Hundegenerationen zuvor noch weitgehend ungebräuchlich waren: »Schau!«, »Weiter!«, »Laaaangsam!«, »Down!«, »Tabu!«

Ich orientiere mich im Hinblick auf Kommandos an der Devise »Weniger ist mehr«, denn für die normale Basiserziehung reichen die folgenden alten Bekannten:

1. »Sitz!« und »Platz!«
2. »Komm!« und »Hier!«
3. »Nein!«, »Aus!« und »Ab!«
4. »Bleib!«
5. In bestimmten Situationen können außerdem noch »Steh!«, »Hopp!« und »Lauf!« helfen.

Wer richtig und lang genug trainiert hat, braucht das jeweilige Hörzeichen nur einmal zu sagen – Fortgeschrittene kommen sogar allein mit einem Sichtzeichen (Handbewegung) aus. Wichtig dabei: Nur wenn ich die Aufmerksamkeit meines Hundes habe, kann er auf meine Kommandos reagieren. Sobald der Hund mit seinen Augen und seiner Nase anderweitig orientiert ist, spreche ich ihn vor dem Hörzeichen mit seinem Namen an. Dabei sollten der Name und das Hörzeichen nicht unmittelbar kombiniert werden (etwa: »Bello-Komm!«, »Luna-Platz!«), sondern Sie warten, bis der Hund auf seinen Namen reagiert hat – erst dann folgt das Kommando. Eine Ausnahme von dieser Regel bilden die korrigierenden

Hörzeichen »Aus!«, »Nein!« und »Ab!«. Sie dürfen nicht mit dem positiv verknüpften Namen verbunden werden, auch wenn ein paar Sekunden dazwischenliegen, der Hund heißt schließlich nicht »Bello-Nein!« oder »Luna-Aus!«. Da viele Hunde unbewusst so erzogen sind, dass Sie auf Ansprache mit ihrem Namen automatisch ihrem Halter folgen, sollte auch das Hörzeichen »Bleib!« nicht mit dem Namen verknüpft werden, denn ich kann von meinem Hund schlecht verlangen zurückzubleiben, wenn ich ihn eben noch mit seinem Namen angesprochen habe.

Bevor wir uns die Hörzeichen einmal genauer anschauen, möchte ich Sie auf eine wichtige Grundregel hinweisen: Hunde lieben klare Verhältnisse, also sorgen Sie dafür! Nachlässigkeit resultiert oft aus falsch verstandener Tierliebe. Sollte Ihr Hund nach dem zweiten Hörzeichen nicht reagieren, nehmen Sie die Hand (bzw. die Leine) zu Hilfe, um das Kommando durchzusetzen. Verzichten Sie auf weitere Wiederholungen (Kommando-Inflation!) oder auf »Drohungen« wie »Riiiicky, sitzt du jetzt! Sonst passiert was!«, die der Hund ohnehin nicht versteht. Nur so bleibt Ihre Erziehung konsequent und souverän – und Sie kommen bald ohne »Nachhaken« per Hand oder Leine aus. Setzen Sie dem Hund hingegen täglich neue bzw. verschiedene Folgsamkeitsgrenzen, lernt er nicht nur schlechter und langsamer, es fällt ihm auch schwerer, eine von Vertrauen geprägte Bindung zu Ihnen aufzubauen.

»Sitz!« und »Platz!«

Für ein entspanntes und klar strukturiertes Verhältnis zwischen Hund und Halter sind diese beiden Hörzeichen die Grundlage. Am besten üben Sie zunächst zu Hause und verlagern die Schulbank erst dann nach draußen, wenn es drinnen funktioniert. Und zwar so: Sie stellen sich aufrecht neben Ihren Hund, während die Leine locker durchhängt und sagen »Sitz!«. Mit ganz normaler Stimme, immer gleich und deutlich betont, gerne in motivierendem Tonfall, aber auf keinen Fall fordernd (wir sind hier nicht bei der Bundeswehr!) oder zart flüsternd (wir sind auch nicht beim Meditationsseminar!). Sobald er das Hörzeichen zum ersten Mal befolgt, beugen Sie sich kurz zu ihm herunter und streicheln ihm über den Kopf. Gleichzei-

Die Kommando-Inflation

tig loben Sie ihn mit warmer Stimme (»Fein!«), Sie dürfen dabei ruhig ein bisschen »ausflippen« vor Freude. Der Hund muss verknüpfen, dass er gerade etwas richtig gut gemacht hat. Auch wenn es von vielen Trainern empfohlen wird: Eine zusätzliche oder alleinige Belohnung durch Leckerchen ist nicht nötig. Nach dem Lob begeben Sie sich sofort wieder in aufrechte Haltung. Wenn Ihr Hund auch nach mehreren Versuchen kein »Sitz!« macht, können Sie anfangs mit der Leine nachhelfen. Sie ziehen die Leine leicht nach hinten (kein Rucken, nur Ziehen!) und drücken im gleichen Moment das Hinterteil des Hundes nach unten. So entsteht eine sanfte Hebelwirkung, die den Hund automatisch zum Sitzen bringt. Auch dabei dürfen Sie das unmittelbar darauffolgende Lob nicht vergessen, damit der Hund die entsprechende Verknüpfung herstellen kann. Nach einer Weile wird er auch ohne Nachhilfe sitzen.

Ist das Hörzeichen »Sitz!« einmal eingeübt, leistet es im Alltag wichtige Unterstützung. Stehen Sie zum Beispiel in der Eisdiele in der Schlange, können Sie viel entspannter Ihre Bestellung aufgeben, wenn der Hund sitzt. Ein sitzender Hund neigt weniger dazu, durchzustarten und auf Außenreize zu reagieren, weil ihn das Sitzen beruhigt und unterordnet. Gleichzeitig fordert diese Aufgabe dem Tier Konzentration ab, und es ist auf seinen Halter fixiert. Wichtig: Ein Hund kann nicht ewig auf der Sitz-Position geparkt werden – das gilt besonders für schwere Rassen (zum Beispiel Neufundländer). Nach zwei Minuten sollten Sie Ihren Hund je nach Situation entweder »Platz« machen lassen (zum Beispiel im Biergarten) oder mit einem »Komm!« abrufen und weitergehen (zum Beispiel an der Ampel).

»Platz!« fordert vom Hund eine noch stärkere Unterwerfung als »Sitz!«. Im Stehen oder Sitzen kann der Hund seine Umgebung überschauen und bekommt alles mit. Im Liegen ist sein Sicht- und Bewegungsradius stark eingeschränkt. Kein Wunder, dass die meisten Hunde nicht begeistert sind, wenn sie Platz machen müssen. Ich erlebe immer wieder, dass Hundebesitzer das Kommando »Platz!« als Bestrafung nutzen: »Das hab ich mir nicht bieten lassen, also musste der Ricky eine halbe Stunde Platz machen.« Im weiteren Verlauf dieses Buches werden wir noch darauf zu sprechen kommen, dass ein Hund solche Bestrafungen jedoch nicht versteht (siehe Kapitel 6, »Das ›Mein Hund lernt durch Bestrafung‹-Märchen«).

Schritt 1

Schritt 2

Üben Sie »Platz!« zunächst als Folge-Kommando zu »Sitz!«. Auch hier können Sie anfangs wieder die Hände zu Hilfe nehmen: Gehen Sie rechts neben dem sitzenden Hund in die Hocke, dabei treten Sie mit einem Fuß

Die Kommando-Inflation

Schritt 3

Schritt 4

auf die Leine, um auszuschließen, dass der Hund anderen Reizen nachgibt und wegläuft. Für das »Sitz!« haben Sie Ihren Hund bereits ausgiebig gelobt, sein Hinterteil hat also schon Bodenkontakt (siehe Schritt 1). Nun heben Sie seine Vorderbeine leicht an, sagen »Platz!« und drücken unmittelbar darauf den Rücken des Hundes mit Ihrem linken Unterarm nach unten (Schritt 2). So kommt der Hund automatisch auf dem Bauch zum Liegen. Linkshänder führen diese Prozedur andersherum aus (Schritt 3). Unmittelbar danach loben Sie Ihren Hund ausgiebig (»Fein!«), streicheln ihn mit der Hand, damit er merkt, dass ihm das Platz-Machen guttut. Danach stehen Sie wieder auf (Schritt 4). Wenn der Hund ebenfalls aufsteht (was am Anfang sehr wahrscheinlich ist), wiederholen Sie alles noch einmal – und zwar so lange, bis der Hund unten bleibt und schließlich allein auf das Hörzeichen »Platz!« reagiert.

Im Alltag ist das Kommando »Platz!« immer dann sinnvoll, wenn Sie für längere Zeit mit dem Hund an einem Ort verweilen wollen (zum Beispiel im Restaurant) oder müssen (zum Beispiel im Wartezimmer beim Tierarzt). Manche Trainer ersetzen »Platz!« durch »Down!«, vermutlich weil »Down!« etwas weicher klingt und ein internationaler Begriff ist. Aus meiner Sicht ist dieser Trend eher ein Marketing-Gag, weil es für den Hund keinen Unterschied macht, was Sie sagen, Hauptsache, Sie tun es konsequent.

Da wir gerade dabei sind, ein kleiner Exkurs zum Thema Hunde und Fremdsprachen: Gar nicht so selten erlebe ich Hundebesitzer, die ihren Hund auf Spanisch, Englisch oder in einer anderen Sprache erziehen. »Damit er nur auf mich hört.« Dem Ego des Halters mag das guttun, für den völlig uneitlen Hund kann es später unnötige Schwierigkeiten hervorrufen. Man stelle sich vor, er büxt aus und versteht keine deutschen Hörzeichen. Oder der Besitzer ist gezwungen, den Hund eine Zeit lang bei einem Hundesitter zu lassen oder ihn ganz abzugeben. Will er dann nach jemand suchen, der die jeweiligen Erziehungssignale in der entsprechenden Fremdsprache beherrscht? Wie soll der Hund deutsche Hörzeichen umsetzen? Wir erwarten von Menschen, die aus einem anderen Land zu uns kommen und hier leben, dass sie Deutsch lernen. Da ist es doch absurd, dass wir unseren Hund auf Spanisch, Englisch oder Italienisch erziehen, oder? Das gilt übrigens auch für »gerettete« Straßenhunde, die zum Beispiel aus Spanien mitgebracht wurden. Sie haben auf der Straße nicht Spanisch, sondern Hündisch gelernt. Kurzum: Ich bin der Meinung, wir sollten unsere Hunde in der Sprache des Landes erziehen, in dem wir die meiste Zeit verbringen.

Die Kommando-Inflation

Fortgeschrittene Gespanne aus Hund und Halter können »Sitz!« und »Platz!« in diversen Variationen trainieren. Etwa so: Stellen Sie sich nicht seitlich, sondern frontal zum Hund und kombinieren Sie das Kommando mit einen Sichtzeichen: Der erhobene Zeigefinger bedeutet »Sitz!«; die flache, auf den Boden zeigende Hand heißt »Platz!«. Üben Sie so lange, bis der Hund allein auf das Sichtzeichen reagiert. Eine weitere sinnvolle Übung: Bringen Sie Ihren Hund aus dem Laufen direkt in die »Platz!«-Position (ohne vorheriges »Sitz!«), das wird ihm imponieren und Ihre Stellung als Ranghöherer stärken. Und nicht vergessen: Keine Disziplin ohne Spaß zwischendurch! Übertreiben Sie also nicht und achten Sie immer darauf, unterordnende Übungen mit Spiel-Sessions zu unterbrechen oder zu verknüpfen.

»Komm!« und »Hier!«

Viele Hundehalter unterscheiden diese beiden Hörzeichen oft nicht klar genug oder gebrauchen sie als Synonyme. In meiner Trainingsphilosophie bedeutet »Komm!«, dass der Hund mir *folgen* soll, wenn er bei einem Spaziergang ein paar Meter zurückgeblieben ist – egal, ob er angeleint oder frei läuft. Das »Komm!«-Kommando erfolgt, während ich bereits in die angestrebte Richtung laufe. »Hier!« setze ich dagegen nur ein, wenn der frei laufende Hund sich mir *nähern* soll – egal, wo er gerade ist (beispielsweise damit ich ihn anleinen oder von Kletten befreien kann). Vor dem »Hier!« bleibe ich stehen und gehe ich die Hocke. In beiden Fällen – bei »Komm!« und bei »Hier!« – spreche ich den Hund vorher mit Namen an. Eine laute Stimme ist nicht angesagt, auch wenn der Hund das Hörzeichen nicht sofort umsetzt. Geben Sie die Kommandos in ganz normalem Ton, immer gleich betont und nur so laut, dass der Hund sie unter den gegebenen Umständen (Entfernung, Umgebungsgeräusche) gut verstehen kann. Ein scharfer Kasernenton führt nur dazu, dass der Hund irritiert ist oder Sie irgendwann nicht mehr ernst nimmt. Sehr stark und sicher auftretende Hunde interpretieren eine scharfe Ansprache sogar schon mal als Aufforderung zum Spielen.

Einige Trainer haben für »Komm!« das Hörzeichen »Weiter!« eingeführt. Gemeint ist das Gleiche, der Einsatz von »Weiter!« kann aber im Gegensatz zu »Komm!« zu Missverständnissen führen, weil man oft nicht nur eine Botschaft an den Hund, sondern auch an das Umfeld (etwa andere Hundehalter oder Passanten) sendet. Bellt der eigene Hund beispielsweise einen anderen an, ist »Weiter!« doppeldeutig. Denn ein Außenstehender kann das auch als Aufforderung interpretieren, den Hund weiterbellen zu lassen.

Lassen Sie mich an dieser Stelle kurz auf den Kommando-Klassiker »Fuß!« eingehen. Ich halte es für antiquiert, einen Hund zum strengen Bei-Fuß-Läufer zu erziehen. Das müssen wir unseren Hunden nicht antun, das geht zu sehr Richtung »Kadavergehorsam«. Schließlich erleben wir mit einem Haushund kaum Situationen, in denen es wirklich Sinn macht, dass er quasi im Gleichschritt neben Herrchen oder Frauchen läuft. Klar, als Polizeihund und als Teilnehmer bei Hundewettbewerben sollte ein Hund dieses Kommando beherrschen. Und in einer belebten Fußgängerzone oder im Bahnhof muss jeder Hund an der kurzen Leine laufen können – allein schon aus Rücksichtnahme auf die Menschen in der Umgebung. Aber ansonsten liegt es ganz bei Ihnen, wie viel Freiheit Sie an der Leine gewähren. Entscheidend ist dabei nur, dass Ihr Hund an der locker durchhängenden Leine läuft und nicht zieht. Und dass er beim Freilauf auf »Komm!« und »Hier!« hört, und zwar so gut, dass Sie ihn in acht von zehn Situationen (zum Beispiel Kaninchen, andere Hunde, gefährliche Straße) abrufen können. 100 Prozent schafft kaum ein Hund.

> **EXTRA-TIPP:**
> **Die Leinenführigkeit üben!**
> Ein Hund, der permanent an der Leine zieht, belastet damit nicht nur die Nerven seines Halters, sondern auch seine eigenen Halswirbel. Am nachhaltigsten lernt Ihr Hund die Leinenführigkeit, wenn er bei jedem Ziehen konsequent mit einem kurzen Leinensignal korrigiert wird. Bildhaft gesprochen »wehrt« sich die Leine sofort gegen jeden Zug. Wie dies funktioniert und warum es Ihrem Hund bei korrekter Ausführung nicht schadet, haben Sie im Kapitel 3 (»Mit der Leine artgerecht ›beißen‹«) bereits erfahren. Der Hund speichert auf diese Weise ab, dass es ihm nicht guttut, an der Leine zu ziehen. Wich-

Die Kommando-Inflation

tig ist, dass Sie ihm immer einen Tick voraus sind, im Optimalfall also schon einwirken, wenn der Hund gerade erst im Begriff ist zu ziehen. Macht er das, weil er einen Artgenossen sieht, kombinieren Sie die kurze Leineneinwirkung mit einem »Nein!«. Zieht er um des Ziehens willen, können Sie auf das »Nein!« verzichten, dann reicht die Korrektur. Bleiben Sie danach nicht stehen, sondern gehen Sie in normalen Schritten weiter, sodass die vorher straffe Leine nun leicht durchhängt. Sobald der Hund wieder Anstalten macht zu ziehen, korrigieren Sie ihn erneut. Ihre Hände fungieren dabei nicht als verlängerte Leine, sondern bleiben am Körper. So haben Sie es leichter, wenn der Hund doch einmal schneller ist als Sie und die Leine auf Zug bringt: Einfach kurz die Hände vom Körper weg und wieder zurück bewegen, dann bleibt Spielraum für den Gegenruck.

Bei konsequenter Anwendung werden Sie Ihrem Hund mit dieser Methode innerhalb kurzer Zeit das Ziehen abgewöhnen. Bei jahrelang geprägten Leinenziehern sowie bei besonders starken Hunden macht es Sinn, sich am Anfang von einem erfahrenen Trainer helfen zu lassen.

Am besten machen Sie Ihren Hund schon vor dem Gassigehen klar, dass Sie mit ihm rausgehen wollen – und nicht er mit Ihnen. Lassen Sie ihn zum Beispiel kurz »Sitz!« machen, und öffnen Sie dann die Wohnungstür. Wenn der Hund vor Ihnen nach draußen will, bringen Sie ihn sofort wieder ins »Sitz«. Das Wiederholen Sie so lange, bis er im »Sitz« verharrt (Loben nicht vergessen!) – erst dann darf er Ihnen folgen. Draußen geben Sie Tempo und Richtung an, der Hund muss folgen. Ausnahme: Es kann Situationen geben, in denen Sie einen Schritt zulegen oder dem Hund mehr Leine geben sollten, um zu vermeiden, dass Zug auf die Leine kommt – etwa wenn er das dringende Bedürfnis verspürt, an seinem »Lieblingsbaum« zu urinieren. Hauptsache, der Hund bekommt nicht vermittelt, dass Sie ihm folgen bzw. er Sie zieht.

Um »Komm!« und »Hier!« zu trainieren, sollten Sie die ersten Versuche ebenfalls in Ihrer Wohnung starten. Dabei bleibt der Hund an der Leine, damit Sie ihn gegebenenfalls »antippen« können, um auf sich aufmerksam zu machen. Vergrößern Sie stetig die Distanz, wenn Sie Ihren

Hund mit »Hier!« heranrufen. Draußen sollten Sie anfangs unbedingt eine 10 bis 15 Meter lange Schleppleine zu Hilfe nehmen. Gerade bei jungen und bei schlecht erzogenen Hunden, die zum Herumstreunen oder Jagen neigen, können Sie »Hier!« und »Komm!« mit der Schleppleine viel entspannter trainieren, als wenn der Hund frei läuft. Einmal abgeleint, sind sie nur schwer wieder einzufangen. Denn für einen solchen Hund ist das alles nur Spiel: Er nähert sich, und einen Meter vor dem Halter dreht er wieder ab. Viele Halter gehen in solchen Fällen entnervt dazu über, ihren Hund gar nicht mehr von der Leine zu lassen – eine für alle Seiten unbefriedigende Notlösung. Mit Schleppleine kann das nicht passieren. Sie trainieren unter ähnlichen Bedingungen wie beim Freilauf, haben aber eine permanente Verbindung zum Hund. Achten Sie darauf, dass der Auslaufradius nicht zu groß ist, sodass Sie die auf dem Boden schleifende Schleppleine jederzeit aufnehmen und daran zupfen können. Auf diese Weise kann der Hund Sie nicht an der Nase herumführen und Sie nutzen die Hörzeichen nicht ab durch ständige Wiederholungen (Kommando-Inflation). Wichtig: Feiern Sie »Party« und loben Sie den Hund überschwänglich, auch wenn Sie ihn per Schleppleine zu sich ziehen müssen. Mit dem Lob verknüpft er: Je näher ich meinem Zweibeiner komme, desto besser für mich.

Zur Gewöhnung empfehle ich, den Hund zunächst an der normalen Leine zu führen; die Schleppleine zieht er hinterher. Später lassen Sie die normale Leine einfach weg. Wie immer in der konsequenten Hundeerziehung gilt, dass Sie Ihrem Hund stets einen Schritt voraus sein müssen. Gewöhnen Sie sich an, permanent die Umgebung auf Außenreize abzuscannen, die für den Hund interessant sein könnten. Ein Kaninchen am Wiesenrand oder einen Hund auf der anderen Straßenseite müssen Sie möglichst vor Ihrem Hund erspähen. Und wenn er kurz davor ist, in die entsprechende Richtung durchzustarten, bremsen Sie ihn mit einem Tritt auf die Schleppleine aus, verbunden mit einem bestimmenden »Nein!« (siehe Punkt 3 »Nein!«, »Aus!« und »Ab!«). Wenn der Hund bereits durchgestartet ist und eine gewisse Geschwindigkeit aufgenommen hat, kann das Ausbremsen mit der Schleppleine seinen Nacken belasten. Dann sollten Sie ihn besser nicht mehr bremsen und ausnahmsweise erst bei der nächsten Gelegenheit korrigieren. Auch deshalb ist der vorausschauende

Die Kommando-Inflation

Überblick des Halters so wichtig. Seine Mission lautet: den Außenreiz vor dem Hund zu erkennen. Der Hund sollte aus solchen »Ich starte durch«-Situationen nicht erfolgreich herausgehen. Bremsen Sie ihn dabei, wird ihm das imponieren. Er merkt, dass Sie die Kontrolle behalten, auch ohne sichtbare Leine in der Hand. In diesem Sinne ist die Schleppleine die Vorstufe zum »richtigen« Freilauf an unsichtbarer Leine.

Wenn die Kommandos gut sitzen, können Sie beginnen, die Schleppleine zunächst übergangsweise und schließlich ganz wegzulassen. Die meisten Hunde reagieren auf einmal eingeübte Hör- und Sichtzeichen auch ohne Schleppleine. Es gibt jedoch auch Kandidaten, die – vom Gewicht der Schleppleine befreit – schnell wieder durchstarten wollen – besonders, wenn sie auf einen starken Außenreiz reagieren (zum Beispiel ein Kaninchen oder ein anderer Hund). In solchen Fällen macht es Sinn, die Schleppleine nach und nach zu verkürzen.

Ich habe einmal einen Hund erlebt, bei dem hinterher nur noch ein zehn Zentimeter langer Rest der Schleppleine übrig geblieben war – aber diesen »Leinenrest« musste man ihm als Placebo weiterhin anlegen, damit er gehorchte. Bevor Sie Ihre Schleppleine unnötig zerschnibbeln, empfehle ich aber, das Schleppleinentraining wieder aufzunehmen und so lange fortzuführen, bis die Kommandos richtig gut funktionieren. Je nach Rasse und Charakter eines Hundes kann das zwischen einer Woche und mehreren Monaten dauern. Weit mehr als der Hund sind jedoch Sie als Hundehalter für ein erfolgreiches Training verantwortlich: Das erfolgreiche Abrufen mit »Hier!« und »Komm!« gelingt nur, wenn Sie mit äußerster Konsequenz und Disziplin ans Werk gehen. Am Anfang ist das oft anstrengend, doch es lohnt sich, denn langfristig werden Sie (und Ihr Hund!) mit stressfreien Spaziergängen belohnt.

»Nein!«, »Aus!« und »Ab!«

Auch bei diesen drei Korrektur-Hörzeichen herrscht oft Unklarheit, zu welchem Anlass sie einzusetzen sind. Eigentlich ist die Unterscheidung recht einfach: Mit einem »Nein!« nehme ich meinem Hund vorbeugend die Motivation, einem Reiz nachzugehen – sei es, dass er eine Katze jagen,

EXTRA-TIPP:
Keine Roll-Leinen benutzen!
Die sehr populären Flexi-Roll-Leinen ermöglichen dem Hund zwar große Bewegungsfreiheit, in meiner Trainingsphilosophie haben sie jedoch keinen Platz. Durch ihre abrollende Funktionsweise steht die Flexi-Leine permanent unter Zug. Noch schlimmer: Der Hund lernt, sich an straffer Leine zu entfernen. Das widerspricht allen gängigen Regeln in Bezug auf Leinenführigkeit und Co. Auch eine zeitweise Benutzung der Roll-Leine macht in der Hundeerziehung keinen Sinn, denn der Hund ist nicht in der Lage, Leinen zu unterscheiden. Ich nenne die Flexi-Leine gerne scherzhaft Flutsch-Leine – eben weil sie so ein Flutsch-Geräusch macht, wenn man das Abrollen durch den eingebauten Knopf stoppt. Ursprünglich wurde sie für Hunde erfunden, deren Halter nicht den Mut hatten, sie frei laufen zu lassen. Für solche Fälle halte ich allerdings die Schleppleine für die weitaus bessere Wahl. Ich würde eine Roll-Leine nur bei bereits gut erzogenen Hunden einsetzen, und auch dann nur in Ausnahmefällen: zum Beispiel wenn man an der Autobahnraststätte den Hund aus Sicherheitsgründen nicht ableinen kann, ihm aber trotzdem ein bisschen Auslauf gönnen möchte.

einen anderen Hund anbellen oder sich ein weggeworfenes Brötchen schnappen will. Die indirekte Ansage an den Hund bedeutet: Ich habe erkannt, was du vorhast, versuch es erst gar nicht! Gegebenenfalls kann ich dieses »Nein!« durch einen zeitgleichen Leinenimpuls aus dem Handgelenk unterstützen. Das verwandte Korrektur-Kommando »Aus!« interveniert dagegen einen Schritt später, wenn der Hund bereits dabei ist, etwas Unerwünschtes zu machen, zum Beispiel das weggeworfene Brötchen zu verspeisen oder sich mit einem anderen Hund zu »prügeln«. Mit dem Kommando »Aus!«, das mit dem mittlerweile veralteten »Pfui« oder »Pfui-ist-das« gleichzusetzen ist, sagen Sie Ihrem Hund: Du unterlässt sofort, was du gerade tust! Auch hier können Sie das Kommando durch einen kurzen Leinenruck unterstützen.

Die Kommando-Inflation

IRRTUM NR. 16:
»Wenn mein Hund etwas richtig macht, muss ich ihn jedes Mal loben.«
Falsch! Grundsätzlich gilt: Wenn Ihr Hund etwas macht, das er machen soll, können Sie ihn mit der Stimme und/oder durch Streicheln loben. Wenn Ihr Hund dagegen etwas lässt, was er nicht machen soll, sollten Sie ihn auf keinen Fall loben. Das gilt auch, wenn er die Korrektur-Kommandos »Nein!«, »Ab!« oder »Aus!« befolgt.
Generell sollten Sie Ihren Hund mehr loben, wenn er neue Lektionen gelernt hat, als wenn er Hörzeichen wie »Sitz!« und »Komm!« befolgt, die er schon kennt. Diese Kommandos gehen Ihrem Hund mit der Zeit so ins Blut über, dass er auch mal ohne Lob auskommt. Seien Sie deshalb immer wieder mal sparsam und loben Sie ihn bei den Standardkommandos nur jedes zweite oder dritte Mal, dann bleibt Ihnen ein größerer Vorrat an Lob für neue Lektionen und besondere Situationen.

Kommen wir zum dritten wichtigen Korrektur-Hörzeichen: »Ab!« Damit sagen Sie Ihrem Hund, dass er sich entfernen bzw. Abstand halten muss. Etwa wenn er Sie bedrängt und aus purer Fressgier auf Ihren Schoß springt, während Sie gerade zu Abend essen. Oder wenn er einem Baby oder Kleinkind gefährlich nahe kommt (Siehe Kapitel 2, »Der ›Hund und Kind müssen beste Freunde sein‹-Leichtsinn«). Wenn Ihr Hund auf »Nein!«, »Aus!« oder »Ab!« wie gewünscht reagiert, dürfen Sie sich innerlich ganz doll freuen – aber loben dürfen Sie ihn dafür nicht (Ausnahme: Das »Aus!« bei Apportierspielen, siehe Kapitel 8). Denn damit würden Sie das eben erfolgreich eingesetzte Korrektur-Kommando sofort wieder entschärfen und den Hund verwirren. Ein Hund, dem Sie gerade mit einen »Nein!« das Brötchen aus dem Maul genommen haben, wird durch ein anschließendes Lob womöglich den Schluss ziehen, dass es doch gar nicht so schlecht ist, Brötchen vom Boden aufzulesen – denn danach bekommt man zwar nichts zu fressen, aber immerhin ein paar nette Worte. Ganz wichtig: Anders als bei »Sitz!«, »Platz!«, »Komm!« und

»Hier!« muss die Ansprache bei den korrigierenden Hörzeichen »Nein!«, »Aus!« und »Ab!« in bestimmendem Tonfall erfolgen.

»Bleib!«

Dieses Hörzeichen setze ich ein, wenn ich meinen Hund zwischendurch »parken« muss. Ich gehe weg und er bleibt sitzend oder liegend zurück, weil ich ihm mit dem »Bleib!« signalisiert habe, dass ich wiederkomme. Und so läuft das Training: Der Hund sitzt oder liegt neben oder vor Ihnen, Sie sagen »Bleib!« und entfernen sich im gleichen Augenblick. Zunächst nur ein bis zwei Schritte, noch mit Blickrichtung zum Hund. Wenn er seine Position hält, gehen Sie sofort zu ihm zurück und loben ihn überschwänglich. Steht er auf und folgt Ihnen, bringen Sie ihn sofort wortlos (keine Korrektur mit »Nein!«) zurück zur Ausgangsposition und lassen ihn erneut »Sitz« oder »Platz« machen. Bleibt er auf seinem Platz, auch wenn Sie zwei Schritte weg von ihm gehen, vergrößern Sie die Entfernung: auf fünf Meter, auf zehn Meter, auf 20 Meter. Verlängern Sie auch die Abwesenheitszeit, bevor Sie zu ihm zurückgehen und ihn loben: eine Minute, drei Minuten, fünf Minuten. Sollten Sie Fußballtorwart sein und Ihren Hund mit zu einem Spiel nehmen, müssen Sie ihn natürlich besonders gut trainieren. Denn dann muss er mindestens eine Halbzeit »parken«. Scherz beiseite: Wie weit Sie das »Bleib!« räumlich und zeitlich ausdehnen, hängt natürlich ganz davon ab, was Sie mit dem Hund vorhaben.

Die meisten Hundehalter setzen das »Bleib!« dann ein, wenn sie ihren Hund im Alltag kurz alleine lassen müssen. Zum Beispiel, wenn Sie zu Hause Besuch erwarten, den Sie in Ruhe begrüßen möchten. Oder wenn Sie in einen Laden gehen, in dem Hunde verboten sind. Mittlerweile rate ich jedoch dringend davon ab, den Hund vor dem Supermarkt oder anderen Geschäften anzuleinen. Nicht nur in meiner Heimatstadt Düsseldorf sind schon viele Hunde vor Supermärkten gestohlen worden und spurlos verschwunden.

Ganz wichtig: Niemals aus der Entfernung loben, denn dann wird der Hund höchstwahrscheinlich zu Ihnen laufen – und das Signal »Bleib!«

nutzt sich ab. Wenn Sie möchten, dass der Hund zunächst an einem bestimmten Platz verharrt und dann zu Ihnen kommt, reicht es, wenn Sie »Sitz!« oder »Platz!« benutzen – und den Hund nach der Wartephase mit dem Kommando »Komm!« abrufen. Das »Bleib!« ist ein Vertrauenssignal, Ihr Hund lernt, dass Herrchen oder Frauchen immer (und ausnahmslos!) wieder zu ihm zurückkommt. Es wäre also kontraproduktiv, wenn Sie das eine Mal zu ihm zurückkommen und ihn das andere Mal zu sich rufen.

Anfangs sollten Sie in der Wohnung, später draußen mit der Schleppleine trainieren. Somit stellen Sie sicher, dass Ihr Hund nicht mitten im Training stiften geht, weil er etwas anderes spannender findet. Für den Halter gilt auch hier: die Umgebung beobachten und schneller als der Hund sein. Später können Sie – wie bei »Hier!« und »Komm!« – die Schleppleine nach und nach weglassen. Beim Schleppleinentraining empfiehlt es sich, mit einem Spezialtrick zu arbeiten: Sie suchen sich eine Trainingsfläche, wo Sie die Schleppleine um einen Zaun mit runden Streben, um einen Haken in einer Mauer oder etwas anderes Vergleichbares schlingen können. Am einen Ende der Leine hängen Sie den Hund an, das andere Ende halten Sie in der Hand. Der Hund sitzt ein paar Meter vor Ihnen, die Schleppleine führt hinter ihm um die Zaunstange herum und dann bis zu Ihnen. Sollte der Hund, wenn Sie sich nach dem Signal »Bleib!« entfernen, Anstalten machen durchzustarten, können Sie das mit einem kurzen Impuls an der Schleppleine verhindern. Weil der Zug nicht direkt von Ihnen, sondern durch das »Umleiten« (wie bei einer Umlenkrolle) über die Zaunstange von hinten kommt, werden Sie Ihren Hund beeindrucken: »Boah, mein Chef hat wirklich alles unter Kontrolle.«

»Steh!«, »Hopp!« und »Lauf!«

Wenn es im Winter draußen kalt und eisig wird, können wir unseren Hunden schlecht zumuten, an der Ampel oder der Bushaltestelle »Sitz!« zu machen – ganz zu schweigen von »Platz!«. Als Alternative bietet sich in dieser Zeit das Kommando »Steh!« an. Zum Trainieren lassen Sie Ihren Hund (langsam!) laufen, bis sich die Leine strafft. So kommt er automatisch zum Stehen. Im Gegensatz zu den meisten anderen Hörzeichen macht es Sinn, dieses Kommando ein bisschen in die Länge zu ziehen: »Steeeh!« Bei einem kurz und knapp intonierten »Steh!« wird sich der Hund womöglich in vorauseilendem Gehorsam (trotz Kälte!) hinsetzen.

»Hopp!« ist für Hunde, die im Auto mitfahren müssen, ein hilfreiches Alltagskommando – und außerdem ideal, um mit dem Hund kleine Hürdenspiele zu veranstalten. Am besten lernt Ihr Hund »Hopp!«, wenn Sie ihn über einen Baumstamm springen lassen. Wählen Sie anfangs niedrige Hürden, den Schwierigkeitsgrad können Sie später immer noch steigern: Sie führen Ihren Hund an der lockeren, möglichst langen Leine und spazieren gemeinsam auf das Hindernis zu. Während Sie springen, versuchen Sie, Ihren Hund durch ein motivierendes »Hopp!« zum Mitspringen zu animieren. Je nach Rasse und Charakter kann das schon beim ersten Versuch klappen – aber auch einige Zeit dauern. Sehr kleine und sehr schwere Hunde haben Nachteile gegenüber mittelgroßen und agilen Hunden. Ist das »Hopp!« einmal spielerisch eingeübt, können Sie dieses Kommando einsetzen, damit der Hund ins Auto bzw. direkt in seine Hundebox im Kofferraum oder auf den Rücksitz und wieder herausspringt.

Könnten Hunde ein Lieblingskommando auswählen, würden sie »Lauf!« nehmen: ein Du-darfst-Hörzeichen, das für an einer unsichtbaren Leine laufende Hunde der Freifahrtschein zum Durchstarten ist. Nachdem Herrchen oder Frauchen die Lage gecheckt hat, erlaubt er oder sie dem Hund mit »Lauf!«, auf andere Artgenossen zuzulaufen, Besucher zu begrüßen oder zum Seeufer zu stürmen. Um Ihre Autorität und Ihren Rang zu unterstreichen, können Sie den Hund vor der Erlaubnis »Lauf!« noch einmal kurz »Platz« machen lassen.

Kapitel 5
Überschätzte Hilfsmittel bei der Hundeerziehung

Ein Hund macht sich nichts aus innovativen Trends, er braucht kein modernes Leben. Und er schert sich einen Dreck darum, ob seine Erziehung dem Zeitgeist entspricht. Das braucht er ja auch nicht. Es läuft doch alles gut – genetisch »programmiert« –, und das schon seit Tausenden von Jahren. Doch was machen wir Menschen? Wir versuchen, den Hund unseren Bedürfnissen anzupassen. Soll heißen: Wir möchten ihn gerne gut erziehen – aber bitte schön so, dass die Erziehung unseren Maßstäben entsprechend »artgerecht« und »liebevoll« ist.

Ein Blick auf den »Erziehungsalltag« in einem Hunderudel würde zeigen, dass ein Mensch mit einem Hund in der Regel nicht so »grob« umgeht wie Hund mit Hund. So liebevoll, rücksichtsvoll und höflich wie wir Menschen untereinander, verhalten sich Hunde unter sich nicht. Dafür sind sie aber auch niemals link, trotzig oder oberflächlich, wie Menschen es manchmal sind – dazu sind sie auch gar nicht in der Lage (siehe Kapitel 6, (Un-)Hündische Vermenschlichung). Hunde reagieren instinktiv und kennen – anders als wir Menschen – kein Abwägen zwischen Verstand und Emotion.

Natürlich hält das moderne Leben Innovationen bereit, die auch für den Hund gut sind. So kommt zum Beispiel die moderne Medizin sowohl Zweibeinern als auch Vierbeinern zugute. In den vergangenen Jahren gab es aber auch einige als modern und innovativ gehypte Erziehungshilfsmittel wie Halti, Futterbeutel, Geschirr und Klicker, die aus meiner Sicht nur den entsprechenden Herstellern geholfen haben. Denn sie verändern die Welt der Hunde und Hundehalter nicht unbedingt zum Guten. Manchmal habe ich den Eindruck, dass die Industrie für Hundezubehör den Bedürfnissen der Hunde nicht immer Rechnung trägt.

Könnten Hunde sprechen, würden sie ihren Haltern vermutlich sagen: »Was soll das ganze neumodische Zeug?! Andauernd müssen wir als Versuchskaninchen herhalten. Lass das! Komm zurück zur Basis, nutz deine Führungsqualität, deine Stimme, deine Hände. Setz mir Grenzen, wenn ich über die Stränge schlage, und lob mich, wenn ich etwas richtig mache. Dann fühle ich mich wohl – und folge dir. Auch ohne Hilfsmittel.«

Klicker

Das populärste unter den modernen Erziehungs-Hilfsmitteln ist der Klicker, den ich kurz nach der Jahrtausendwende zum ersten Mal auf einer Hundemesse in Nürnberg entdeckte. Ein großer Hersteller verteilte statt Kugelschreibern Tausende von Klickern an die Messebesucher.

Der Klicker funktioniert im Grund genommen ähnlich wie der früher bei Kindern so beliebte Knackfrosch.

Er gibt auf Druck ein immer gleich klingendes akustisches Signal von sich. Der Hund soll auf diese Weise lernen: Wenn der Klick erfolgt, habe ich gerade etwas richtig gemacht (ein Kommando befolgt, ein Kunststück gemacht etc.). Dabei muss das Klickersignal unmittelbar danach erfolgen, damit der Hund das Geräusch mit seinem Verhalten verknüpfen kann. Manchmal (oder auch immer) gibt's noch ein Leckerchen dazu. Hört sich theoretisch – von den Leckerchen einmal abgesehen – gar nicht schlecht an. Unterziehen wir das Klickertraining einmal einem Praxistest: Nehmen wir an, ich bringe von der Messe in Nürnberg mehrere dieser Werbegeschenk-Klicker mit und verteile sie in meinem Freundes- und Bekanntenkreis. Ein paar Tage später stehe ich mit einem Bekannten auf der Rheinwiese. Wir beide haben unsere Hunde zu Hause auf den Klicker konditioniert. Bisher funktioniert das ziemlich gut. Dann passiert Folgendes: Ich klickere meinen Hund genau in dem Moment für sein vorbildliches Verhalten, als der Hund meines Bekannten hinter meinem Rücken Schafkot frisst. Da die Klicker exakt gleich klingen, fühlt sich auch der andere Hund in seinem »Scheiß-Verhalten« bestätigt. Dumm gelaufen. Zwischenfazit: Die Klicker können durchaus Nachteile haben. Man darf niemanden in der Nähe haben, der auch mit einem solchen Klicker trainiert, sonst ist Fehl- bzw. Chaos-Klickern vorprogrammiert. Stellen Sie sich nur eine Hundewiese vor, auf der alle mit dem gleichen Klicker arbeiten: Das

Überschätzte Hilfsmittel bei der Hundeerziehung

Zwei verschiedene Klickertypen

wäre etwa so, als würde bei einem Fußballspiel die Ansage kommen, dass Uwe ausgewechselt werden soll – und alle Spieler verlassen das Feld.

Moment Mal, werden die Klicker-Befürworter jetzt sagen, mittlerweile gibt's doch längst ganz viele verschiedene Klicker-Varianten mit unterschiedlichen Tönen. Stimmt, aber es gibt noch viel mehr Klingeltöne fürs Handy, und trotzdem passiert es nicht nur mir regelmäßig, dass ich mein Handy aus der Tasche ziehe, weil jemand neben mir den exakt gleichen Klingelton eingestellt hat. Verstehen Sie jetzt, warum ich kein Freund von Klicker-Training bin? Ich will dieses Hilfsmittel nicht verteufeln, vermutlich ist es für manche Menschen einfach leichter und bequemer zu klickern, als mit Worten zu loben oder mit der Hand zu streicheln. Außerdem klingt das Klicker-Signal immer gleich, während ein verbales Lob das nie hundertprozentig tut. Nicht umsonst war das Klickertraining schon längst in der Agility- und Hundewettbewerbszene verbreitet, wo perfektes Timing wichtig ist, bevor es den Sprung zu Otto Normalhundehalter schaffte.

Ich jedenfalls möchte nicht, dass mir jemand »dazwischenklickert«, wenn ich mit meinem Hund kommuniziere. Außerdem würde ich meine Tochter ja auch nicht mit Klickern und Bonbon belohnen, wenn sie eine Eins geschrieben hat, sondern sie loben und umarmen. Und genauso lobe ich meinen Hund lieber mit warmer Stimme und einer Streicheleinheit, als über ein lebloses, knarzendes Plastikteil zu kommunizieren. Das ist aus meiner Sicht effektiver und natürlicher – und bewahrt mich vor bösen Überraschungen, wie zum Beispiel vor Nachbarskindern, die den Klicker mal ausprobieren wollen, wild darauf rumdrücken und meinen Hund »jeck« machen.

Nach dem Schafkot-Erlebnis habe ich bisher nur ein weiteres Mal mit Klicker gearbeitet, und zwar während eines Urlaubs an der niederländischen Nordseeküste. Dort fanden meine Freunde und ich eine ölverschmierte Trottellumme (wir nannten sie Konrad, nicht Uwe), die nicht mehr schwimmen konnte. Ich rettete sie aus der Brandung und päppelte sie in Düsseldorf in der Badewanne meiner Wohnung auf, bevor sie an eine Vogelauffangstation auf Texel übergeben wurde. Einmal Klickern hieß für Konrad: Jetzt gibt's eine Fischmahlzeit. Mit einer ebenso konditionierten Konkurrenz war im Fall von Konrad natürlich nicht zu rechnen.

Die gerettete Trottellumme Konrad bei mir zu Hause

Halti

Mit dem Halti-Hundehalfter (auch *Gentle Leader* genannt) verhält es sich wie mit Tempo-Taschentüchern: Die populärste Marke hat sich als gängige Bezeichnung eingebürgert. Beim Halti handelt es sich um eine Anti-Zieh-Konstruktion aus Riemen und Schlaufen, die dem Halter ermöglicht, den Kopf des Hundes über die Leine zu lenken. Ein Riemen verläuft um den Nacken des Hundes, der andere um die Schnauze – ähnlich dem Halfter beim Pferd.

Die Leine verfügt üblicherweise über zwei Haken, die zum einen ganz normal am Halsband und zum anderen an der Unterseite des Halti befestigt werden. Zieht man am Halti, bewegt der Hund seinen Kopf automatisch Richtung Herrchen. Gleichzeitig zieht sich die untere Schlaufe so zusammen, dass der Hund zwar noch atmen, trinken, schnüffeln, hecheln oder bellen, aber seine Schnauze dabei nicht mehr ungehindert öffnen kann. Das klingt ein bisschen wie eine Art Ersatz-Maulkorb. In der Tat begann der Siegeszug des Halti nach dem bereits erwähnten Beißvorfall im Jahr 2000 in Hamburg. Damals waren die Besitzer vieler als gefährlich eingestufter Rassen wenig begeistert von der neuen Maulkorbpflicht und legten stattdessen den ähnlich aussehenden Halti an – in Nordrhein-Westfalen später sogar offiziell genehmigt durch das Landeshundegesetz. Anders als beim Maulkorb kann ein Hund trotz Halti immer noch zubeißen – und zwar dann, wenn die Leine locker und ganz ohne Zug gehalten wird. Daher ist der Halti zum Beispiel bei der Deutschen Bahn und anderen Verkehrsbetrieben, die bestimmte Hunderassen nur mit Maulkorb befördern, nicht als Ersatz-Maulkorb zugelassen.

Wie der Name schon sagt, kommt der Halti nur dann zum Einsatz, wenn ein Hundebesitzer Schwierigkeiten hat, den Hund an der Leine zu führen bzw. zu halten. Etwa, weil dieser permanent zieht oder andere Hunde anpöbelt. Warum ich den Halti kritisch sehe, verdeutlicht folgendes Beispiel: Stellen Sie sich vor, Sie haben einen Problemhund, der keinem Konflikt aus dem Weg geht und erzogen werden soll. Sie legen ihm also Leine und Halti an und spazieren los. Auf halbem Weg kommt Ihnen ein anderer Hund (ebenfalls an Herrchens Leine) entgegen. Ihr Hund gibt sich durch seine Körpersprache (Blick, Ohrenstellung etc.) sofort als Alpharüde zu erkennen. Nun

kommt der Halti ins Spiel: Im Moment des Vorbeilaufens dirigieren Sie mit dem Halti den Kopf Ihres Hundes zur Seite, sodass sein Blick den Blick des anderen Hundes nicht mehr treffen kann. Sie nehmen Einfluss auf seine Körpersprache. Das können Sie ganz deutlich bei dem Hund auf dem Foto links erkennen. Sehen Sie den Unterschied zu seiner Körpersprache ohne Halti auf Seite 52? Das irritert den anderen Hund: Erst Rumpöbeln – und dann plötzlich Meideverhalten?! Für Sie bringt in diesem Fall der Einsatz des Halti weniger Stress, denn Ihr Hund ist gezwungen, dem Konflikt auszuweichen. Allerdings bleibt der Lerneffekt aus, denn der Halti lenkt um, er erzieht aber nicht. Ihn im Alltag einzusetzen ist ungefähr so, als würde ein Kind regelmäßig bei Klassenarbeiten abschreiben und gute Noten nach Hause bringen. Dabei hat es aber eigentlich nichts gelernt. Doch was passiert, wenn das Kind einen neuen Sitznachbarn bekommt, bei dem es sich nicht lohnt abzuschreiben?

Ohne Halti wird Ihr Hund weiterhin das gewohnte Pöbelverhalten zeigen. Wie bei der Erziehung mit Leckerchen hängt die Bindung zwischen Hund und Halter nicht an Ihrer Persönlichkeit, sondern an einem Hilfsmittel. Man könnte auch sagen: Ihr Hund wird zur Halti-Marionette. Was aber, wenn Sie den Halti einmal vergessen haben? Sind Sie dann überhaupt noch darauf vorbereitet, wie Ihr Hund reagiert? Schließlich haben Sie ihn sonst immer durch Umlenken aus schwierigen Situationen geleitet. Und was geschieht, wenn eine andere Person den Hund führt und nicht mit dem Halti vertraut ist?

Wenn ein Arzt es schafft, seinen Patienten mit guten Argumenten zu überzeugen, dass er vom Kettenraucher zum Nichtraucher wird, hat er ganze Arbeit geleistet. Würde er seinen Patienten von den Zigaretten fernhalten, indem er ihm permanent Scheuklappen anlegt oder ihn »an die Kette« nimmt, hätte er den bequemen Weg gewählt, statt ihm ausführlich und gründlich zu erklären, warum es gut für ihn ist, mit dem

Rauchen aufzuhören. So ähnlich verhält es sich auch mit dem Halti. Er bringt oberflächliche Erfolge, aber keine substanziellen. Zudem sitzt der vordere Halti-Riemen genau an der Stelle, wo in der Hundewelt die Hundemutter mit ihrer Schnauze über die Schnauze des Welpen greift, um ihn zu erziehen (Schnauzgriff). Die Hundemutter tut das in der Regel eher sanft und nur kurz, der Dauerdruck durch den Halti-Riemen erzwingt jedoch einen dauerhaften, nicht artgerechten Schnauzgriff und kann daher durchaus kritisch betrachtet werden. Der Halti bringt den Hund auch dann in eine unterwürfige Körperhaltung, wenn er sich gar nicht so fühlt. Die natürliche Körpersprache ist eingeschränkt. Fazit: Mit einem Halti klebt man immer wieder frische Pflaster über unverheilte Wunden. Er hilft uns, den Hund unter Kontrolle zu halten – mehr nicht. Gut erzogen ist Ihr Hund erst dann, wenn er in schwierigen Situationen auf Hörzeichen (»Nein!«, »Aus!«) reagiert und daraufhin Meideverhalten zeigt – ohne Halti, dafür aber mit echtem Respekt vor Herrchens oder Frauchens Autorität.

Futterbeutel

Wenn ich mit meinem Handy nicht nur telefonieren, sondern mich auch noch rasieren könnte, würde ich diese zweite Funktion wahrscheinlich ebenfalls nutzen. Was das mit Hundeerziehung zu tun hat? Nun, die meisten Hundehalter benutzen Leckerchen, und viele von ihnen machen mit ihrem Hund das übliche Spielchen: Herrchen/Frauchen wirft einen Stock oder Ball, der Hund rennt hinterher, apportiert und bekommt dafür eine Belohnung. Da der Halter die Leckerchen irgendwo verstauen muss, stopft er sie entweder in die Jackentasche oder trägt sie in einem kleinen Säckchen am Gürtel. Das hat einige Marketingleute zu einer »genialen« Idee inspiriert: den Futterbeutel. Eigentlich sieht er genauso aus wie das gute alte Federmäppchen aus der Schulzeit – aber dafür kann er mindestens doppelt so viel. Statt mit Stiften wird er mit Leckerchen befüllt und anschließend als Apportierspielzeug benutzt.

Wenn der Hund den Beutel zurückbringt, öffnet man den Reißverschluss, und der Hund bekommt sein Leckerchen. Oder man versteckt

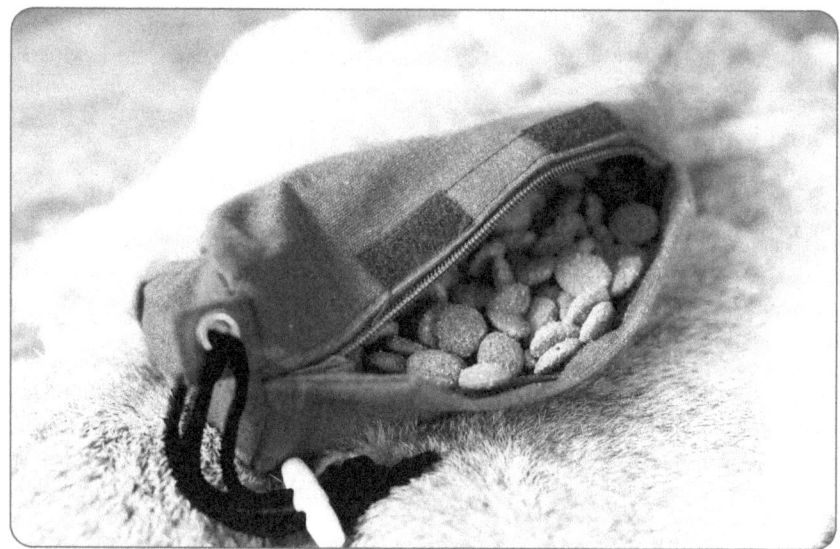

Futterbeutel

den Futterbeutel, und der Hund muss ihn suchen. Hört sich toll an und findet dementsprechend reißenden Absatz – in allen möglichen Variationen von »wasserdicht« bis »aus Kaninchenfell«.

Wenn es jemals Rasier-Handys geben sollte, so werden sie die Welt nicht besser machen, sie werden aber auch keine Konflikte auslösen – im Gegensatz zum Futterbeutel. Im Kapitel »Die Leckerchen-Lüge« habe ich bereits erklärt, warum die durch Bestechung mit Leckerchen erzielten Erfolge oberflächlich und mitunter gefährlich sind. Daran ändert auch die Futterbeutel-Verpackung nichts. Beute bleibt Beute – und ein Rudelführer bzw. Ranghöherer gibt seine Beute niemals dem Rangniedrigeren. Ein unterwürfiger Hund wird den Futterbeutel daher als Provokation empfinden, auf die er nicht eingehen möchte. Nach dem Motto »Das ist deine Beute, da geh ich nicht dran, ich will ja keinen Ärger«. Ein besonders dominanter Hund wird sich den Beutel womöglich schnappen und im Handumdrehen damit beginnen, ihn zu zerbeißen. (Wenn er könnte, würde er stattdessen den Reißverschluss aufmachen.)

Und selbst wenn das alles nicht passiert: Das Training mit dem Futterbeutel ist alles andere als artgerecht. Der Ranghöhere (Mensch) wirft die Beute, der Randniedere (Hund) holt sie sich. Der Rangniedere bringt die Beute zum Ranghöheren. Der Ranghöhere öffnet die Beute-Verpackung. Der Rangniedere bekommt die Beute. Der Ranghöhere schließt die Beute-Verpackung und wirft sie erneut. Und so weiter. Kein hündischer Rudelführer würde sich auf ein aus seiner Sicht derart verwirrendes und unlogisches Spiel einlassen. Aber wen interessiert das schon? Der stylishe Futterbeutel wirkt modern und innovativ. Manche Hundeschulen verschenken Futterbeutel als Werbegeschenke und lassen ihren Namen draufdrucken. »Das kann nicht schlecht sein«, denkt sich Otto Normalhundehalter – und verwandelt sich freiwillig in einen Leckerchen-Automaten 2.0. Auf Deutschlands Hundewiesen fliegen Zehntausende von Futterbeuteln durch die Gegend. Klar, dass darauf nicht nur der eigentliche Adressat scharf ist, auch die vierbeinige Konkurrenz riecht fette Beute. Herrchens und Frauchens Liebling will die Beute natürlich verteidigen, und weil eine Hundewiese keine Waldorfschule ist, steigt mit jedem fliegenden Futterbeutel die Gefahr einer »Massenschlägerei«. Bisswunden nicht ausgeschlossen. Aus diesem Grund halte ich den Futterbeutel im Gegensatz zum Klicker nicht nur für unsinnig, sondern auch für gefährlich.

Geschirr

In den vergangenen Jahren hat sich die Meinung durchgesetzt, dass die Verwendung eines Brustgeschirrs für den Hund gesundheitlich deutlich besser sei als die eines Halsbands. Als Vorteile werden dabei üblicherweise angeführt, dass das Geschirr Kehlkopf, Luftröhre und Halswirbelsäule schont und den Druck über den Brustkorb verteilt.

Doch das ist allenfalls die halbe Wahrheit. Auch wenn das Geschirr längst ein Lifestyle-Accessoire geworden und in allen möglichen Farben, Materialien und auf Wunsch mit lustigen Klett-Buttons wie »Alpharüde«, »Zufallsprodukt« oder »Kampfschmuser« zu haben ist – eine kurze Reise in die Zeit vor dem Hundetrainer-Boom illustriert, warum all das mit dem ursprünglichen Zweck des Hundegeschirrs nichts mehr zu tun hat. Denn es wurde nicht für Haushunde, sondern einzig

Geschirr oder Sattel? Die breiten Riemen verdecken eventuell aufgestellte Nackenhaare und verfälschen so die Körpersprache des Hundes

und allein als »Arbeitsanzug« für Gebrauchshunde konzipiert. Nicht damit sie *weniger* ziehen, sondern damit sie *leichter* ziehen können! Mit ihrem »Arbeitsanzug« führen Rettungs- und Suchhunde ihre Halter zu Verletzten oder Verschütteten. Schlittenhunde bekommen das Geschirr nur dann umgelegt, wenn sie den Schlitten ziehen sollen – sonst nicht. Ein Halsband wäre im Arbeitsalltag dieser Hunde, die zum Ziehen angehalten sind, nur störend und würde in der Tat zu körperlichen Schäden führen.

Der Alltag des Haushundes sieht jedoch komplett anders aus. Viele Hundebesitzer schaffen es, dass ihr Schützling nicht mehr an der Leine zieht, viele aber auch nicht. Somit kommt das Anlegen eines Hundegeschirrs oft der Kapitulation vor dem Hund gleich, nach dem Motto: Wenn ich meinen Hund schon nicht das Ziehen an der Leine abgewöhnen kann, schwäche ich es wenigstens ab, indem ich das Halsband durch ein Geschirr ersetze. Das ist ungefähr so, als würde ich glauben, dass man mit Stützrädern besser und sicherer Fahrrad fahren kann als ohne. Das stimmt natürlich – aber nur solange man nicht gelernt hat, selbstständig zu fahren. Die entscheidende

Frage lautet also: Kann ich wirklich nicht ohne Stützen auskommen – oder bin ich lediglich zu bequem, das Fahrradfahren zu lernen?

In meiner Trainingsphilosophie gibt es keine Stützräder. Ich bin überzeugt, dass mit der nötigen Konsequenz und Disziplin jeder körperlich gesunde Mensch lernen kann, seinen Hund so zu erziehen, dass er nicht mehr an der Leine zieht. Wie man einen Leinenzieher in den Griff bekommt, habe ich bereits demonstriert (siehe Extra-Tipp: Die Leinenführigkeit üben, S. 96): Sie klopfen Ihrem Hund per Leinenruck »auf die Schulter«, holen ihn von der Ablenkung weg und gewinnen seine Aufmerksamkeit. Das funktioniert nur dann optimal, wenn die Leine mit einem Halsband verbunden ist. Ist sie dagegen in ein Geschirr eingehakt, kommt das durch die Bewegung im Handgelenk ausgelöste Leinensignal beim Hund nur sehr abgeschwächt bzw. überhaupt nicht an. Er ist somit nur bedingt erziehbar und wird sich oft noch stärker in das Geschirr hängen.

Das Geschirr hat in seiner Wirkungsweise Gemeinsamkeiten mit dem Halti: Es schwächt ab und lenkt um, aber es erzieht nicht. Die Symptome, die zum Ziehen führen, bleiben unbehandelt. Die angebliche körperliche Entlastung durch das Brustgeschirr ist somit relativ: Lebt ein notorischer Leinenzieher, der sein Leben lang am Geschirr läuft, wirklich gesund? Nein, denn in solchen Fällen kann das Geschirr gesundheitliche Schäden verursachen. Zwar wird der Hals entlastet, dafür ist die marionettengleiche Aufhängung des Hundes im Rückenbereich nicht optimal und führt zu einseitiger Belastung.

Fazit: Wenn Ihr Hund ohne größere Probleme an der Leine läuft, spricht im Grunde nichts dagegen, dass Sie ein Geschirr benutzen. Und für Hunde mit Wirbelsäulenschäden ist das Geschirr sicher die bessere Wahl. Für die Welpen-Ausbildung sowie als Freifahrtschein für Leinenzieher halte ich das Hundegeschirr jedoch für nicht geeignet. Im Grunde genommen sollte es doch darum gehen, wie man dem Hund das ständige Leineziehen am besten abgewöhnen kann – und nicht darum, wie man den Druck, der aus dem Zug resultiert, am besten auf den ganzen Körper verteilt. Nicht zu vergessen: Die Riemen des Geschirrs verdecken einen Teil des Körpers und behindern die hündische Körpersprache, eine durchgehende »Bürste« an aufgestellten Rückenhaaren etwa ist somit nur zur Hälfte sichtbar. Außerdem kann es bei spielerisch miteinander rangelnden Welpen passieren, dass ein Hund den anderen in das Geschirr beißt und so die Information speichert, fest zubeißen zu können, ohne dass sein Gegenüber Schmerz empfindet.

Kapitel 6

(Un-)Hündische Vermenschlichung

Überall Wunderhunde. Sie verstehen »alles« und sind manchmal sogar »traurig« oder »beleidigt«. Sie haben »ein schlechtes Gewissen« und machen vor »Freude Pipi«. Sie geben sich »trotzig« und können sogar »zickig« und »eifersüchtig« werden. Und wenn wir Menschen mal nicht da sind, vermissen sie uns »ganz schrecklich«. Ist ja klar, schließlich lieben sie uns über alles. Diese Hunde sind uns Menschen ebenbürtig. Manche meinen sogar, sie seien die besseren Menschen. Vielleicht macht ja bald der erste Wunderhund eine Praxis als Menschenpsychologe auf. Oder er geht in die Politik und gründet eine Hundepartei. Dann könnten sich die Vierbeiner offiziell dagegen wehren, dass manch einem Zweibeiner bei der Hundeerziehung die Hand ausrutscht. Und dass so viele Vierbeiner von Problem-Zweibeinern als schickes Lifestyle-Accessoire missbraucht und entgegen ihrer Natur vermenschlicht werden. Welcher Mensch würde sich schon gerne als Hund behandeln lassen?!

Aber mal im Ernst: Es stimmt, dass Hunde sich nicht hinterlistig und falsch verhalten können, aber genauso wenig kennen sie Dankbarkeit und Anstand. Man könnte sie durchaus als vom Instinkt getriebene »Egoisten« bezeichnen. In jedem Fall handelt es sich bei allen oben genannten hündischen Gemütszuständen um menschliche Fehlinterpretationen, die, wie Sie nachfolgend sehen werden, weit von der Realität entfernt sind.

Der »Mein Hund versteht alles, was ich sage«-Mythos

Zunächst einmal: Sie können Ihrem Hund so viel erzählen, wie Sie wollen. Das wird ihm nicht schaden. Ihr Hund hört sich das alles an – was soll er auch sonst tun? Wenn sein Name oder bekannte Wörter wie

»Gassi« vorkommen, wird er natürlich aufmerksam schauen und irgendeine Reaktion zeigen (bei »Gassi« läuft er womöglich in Richtung Haustür). Eins dürfen Sie jedoch nicht erwarten: nämlich dass Ihr Hund das, was Sie ihm erzählen, auch versteht. Wenn ich meinen Hund Gysmo frage: »Willst du Futter?«, kommt bei ihm etwa Folgendes an: »Fzhriks Futter.« Am Ende bleibt bei ihm nur das Wort »Futter« hängen, das er mit einem gefüllten Napf verknüpft, den er immer unmittelbar nach diesem Wort bekommt.

Oft bleibt es im alltäglichen Zusammensein von Halter und Hund nicht bei so kurzen »Konversationen« oder besser gesagt Monologen. Vielmehr werden die Hunde als ganz normale Gesprächspartner vermenschlicht.

Etwa so: Der Hund Bobby sitzt am Fenster und bellt, sein Herrchen sitzt im Nebenzimmer am Computer.

»Boooobieeeeeee! Was ist denn da los? Kommt die Mama, oder warum bellst du?«

Herrchen geht zum Fenster und schaut hinaus. Bobby blickt ihn an und bellt erneut. Herrchen schaut noch einmal aus dem Fenster.

»Da ist doch gar nichts, warum bellst du denn so?«

Bobby schaut Herrchen wieder an und bellt noch einmal. Diesmal etwas lauter. Herrchen schaut noch einmal aus dem Fenster, nun sieht er, dass soeben sein Nachbar mit der Hündin Else um die Ecke gebogen ist. »Aha«, denkt er, »das war es. Bobbys Hunde-Freundin Else. Bestimmt hat er sie gesehen, und jetzt ist klar, was er will«.

»Ist da die Else?! Du willst bestimmt mit ihr spielen. Ist ja gut, die Mama kommt gleich und geht mit dir raus. Sei schön lieb. Wo ist denn dein Ball? Der Papa muss jetzt arbeiten und kann nicht mit dir spielen.«

Bobby bellt weiter und schaut immer wieder aus dem Fenster. Damit Herrchen weiterarbeiten kann, beschließt er, den Hund mit ins andere Zimmer zu nehmen.

»Bobby! Komm vom Fenster weg! Na komm!«

Herrchen läuft auf Bobby zu, doch der schießt an ihm vorbei in den Flur und springt an seiner Leine hoch, die dort hängt.

»Nein, Bobby! Wir gehen nicht raus! Die Mama kommt gleich und geht Gassi mit dir. Vielleicht ist die Else noch auf der Wiese, und dann könnt ihr spielen.«

(Un-)Hündische Vermenschlichung

Bobby zerrt an seiner Leine und reißt den Haken aus der Wand. Er springt wie von der Tarantel gestochen die Wohnungstür an, kratzt ein Loch in die Wand, zerkratzt die Tür. Dabei kläfft er immerzu. Herrchen wird sauer. Schließlich erledigt sich seine Arbeit nicht von allein. Weil er merkt, dass Bobby nicht auf seine Worte reagiert, schreit er laut:

»AUS!«

Bobby verstummt sofort, legt die Ohren an, senkt den Kopf, klemmt seinen Schwanz unter den Bauch und trottet ins Wohnzimmer. Dort legt er sich unter den Tisch.

»Geht doch.«

Herrchen kehrt zurück ins Nebenzimmer und widmet sich wieder der Arbeit am Computer.

Wie lässt sich das Bellen des Hundes am Fenster, das Herrchen nicht verstanden hat, erklären? Die Ursache könnte folgendermaßen aussehen:

Version a): Das Fenster ist geschlossen.

Bobby liegt im Wohnzimmer auf dem Boden und schaut aus dem Fenster. Da er normalerweise ein sehr aktiver Hund ist, ist ihm langweilig, also reagiert er auf jede Bewegung. Plötzlich setzt sich eine Taube auf das Fensterbrett. Nun ist Bobby nicht mehr langweilig, die Taube interessiert ihn. Aufgrund des geschlossenen Fensters ist sie für eine »Geruchskontrolle« aber nicht erreichbar. Bobby ist aufgeregt, er bellt und springt ans Fenster, um Kontakt mit der Taube aufzunehmen. Die fliegt zwischenzeitlich weg und landet auf dem nächstgelegenen Baum. Bobby beobachtet sie weiter – und bellt. Und als Herrchen den Namen seiner Hunde-Freundin Else, die Bobby weder sehen noch hören kann, erwähnt, bellt er noch mehr.

Version b): Das Fenster steht auf Kipp.

Dass auf der anderen Straßeseite seine Freundin Else vorbeiläuft, kann Bobby durch die parkenden Autos und Bäume vor dem Fenster nicht sehen. Aber er hört sie durch den Fensterspalt! Die beiden Metallmarken an Elses Halsband klimpern. Ein vertrautes Geräusch. Bobby verknüpft es mit Else und Spielen, schließlich kennt er das Klappern von der Hundewiese. Weil das Gehör von Hunden dem menschlichen weit überlegen ist, kann Bobby Elses Metallmarken bereits in weiter Entfernung hören. Und er kann es auch noch hören, als sie schon längst um die nächste Ecke gebogen ist. Da er das Klimpern die ganze Zeit hört und Herrchen noch dazu mehrmals Elses Namen erwähnt, will er natürlich zeigen, dass er zum Spielen bereit ist. Also bellt er.

Von Herrchens verbalen Reaktionen kommt bei Bobby in jedem Fall nur ein Bruchteil an:

»**BOBBY** ngrjngp nvenpeng **KOMM** bhgeeügn **MAMA**«
»kj durt lpo fhtzes, jdfbi kdroib gi hzrc«
»dse uztld gr **ELSE** kf hrslöp mgrekfpo kjdl few **SPIELEN**, urs kgz gut, aot **MAMA KOMM** lfhtyc lfm odkuz fgd üdg tzdc **RAUS**, oui **SCHÖN LIEB** dk lpo juik hztr **BALL**, jui **PAPA** oud lidrt rtz gbie göpsz hji gtz **SPIELEN**«
»**BOBBY KOMM** trs opüdlea idz, iö **KOMM**«
»**NEIN BOBBY** rej ogklp khzne, fgt **MAMA KOMM** jhzay üpo fgra dfrtu ui GASSI puo ölofhruse frg **ELSE** gr ölst rtz zrt **WIE- SE** klw dkoa lhuto kfi **SPIELEN**«
»**AUS**«
»lofz hkou«

Mit diesem Monolog aus Hundesicht wird besser deutlich, wie schwer es Bobbys Halter seinem Hund macht, ihn zu verstehen. Bobby wird aus dem, was sein Herrchen sagt, lediglich einzelne Worte herausfiltern, die er verknüpfen kann, weil sie ihm – sei es bewusst (»KOMM!«/»GASSI«) oder unbewusst (»WIESE«/»ELSE«) – antrainiert wurden:

BOBBY KOMM MAMA / ELSE SPIELEN MAMA KOMM RAUS SCHÖN LIEB BALL PAPA SPIELEN / BOBBY KOMM KOMM / NEIN BOBBY MAMA KOMM GASSI ELSE WIESE SPIELEN / AUS

Wer diese Wörter hintereinander an seinen Hund richtet – und nichts anderes ist in unserem fiktiven Beispiel geschehen – der wird ihn geradezu in einen Zustand höchster Erregung und Anspannung pushen. Wir erinnern uns: »nvwo«, »cbahq« oder »wdhgf« kann der Hund nicht verstehen. Dafür bewirkt die ständige und motivierend betonte Ansprache von Bobbys Herrchen eine fortwährende Bestätigung seines aktuellen Verhaltens. Also: springen, bellen, rumrennen etc.

(Un-)Hündische Vermenschlichung

IRRTUM NR. 17:
»Der Napf meines Hundes sollte immer voll sein.«
Falsch! Und nicht artgerecht! Schließlich gibt es in freier Natur auch nicht ständig was zu fressen. Man kann die Verdauung und dementsprechend die Spaziergänge mit seinem Hund besser planen, wenn er zu festen Zeiten (zum Beispiel morgens und abends) sein Futter bekommt. Auch die Gewichtskontrolle ist so deutlich einfacher. Wachhunde sollten ihre Hauptmahlzeit am besten morgens bekommen, damit sie abends und nachts besonders aufmerksam sind. Noch etwas: Ein Hund, der permanent Futter zur Verfügung hat, ist in der Regel sehr viel schlechter für Positivdressuren (zum Beispiel »Männchen« oder »Rolle« machen gegen Leckerchen-Belohnung) jenseits der Basiserziehung zu motivieren als einer, der zeitlich abgestimmt gefüttert wird.

Bobbys Bellen ist natürlich als Aufforderung zu interpretieren, denn aus den wenigen Worten, die er verstanden hat, schließt er: »Jetzt geht es gleich los!« Und da diese Worte in ein fortlaufendes »Gebrabbel« eingebettet sind, muss Bobby noch dazu den Eindruck haben, sein Herrchen sei genauso aufgeregt wie er selbst. Dass sein Herrchen hinter ihm herläuft und wieder zurück, wo er herkam, trägt sein Übriges dazu bei, dass Bobby vollends ausflippt und schließlich sogar den Haken, wo seine Leine hängt, aus der Wand reißt. Kein Wunder: Alle Worte, die der Hund verstehen konnte, hat er in der Prägephase durch die Bestätigung seines Halters »positiv« verknüpft. Also glaubt Bobby, dass Herrchen sein Verhalten auch in dieser Situation gut findet. Umso verwirrter ist er, als er plötzlich mit dem korrigierenden Kommando »Aus!« konfrontiert wird. Doch weil er ein eher unterwürfiger Hund ist, der nichts lieber will, als seinem Herrchen zu folgen und zu gehorchen, trottet er zurück ins Wohnzimmer und legt sich unter den Tisch. Was zeigt uns diese Geschichte erneut? Wer will, dass sein Hund ihn versteht, muss mit wenigen, kurzen, klaren, richtig betonten und getimten Kommandos arbeiten.

Das »Mein Hund lernt durch Bestrafung«-Märchen

Wenn ich etwas Verbotenes tue – etwa ein Graffiti an eine Hauswand sprühe oder im Geschäft etwas mitgehen lasse – und dabei erwischt werde, bekomme ich eine Strafe. Das ist in unserer Gesellschaft so, weil wir davon ausgehen, dass der Bestrafte sein Vergehen und die Bestrafung dafür einsieht. Und selbst wenn sich der Bestrafte nicht einsichtig zeigt oder seine Strafe als unsinnig oder überzogen erachtet, wird er doch zumindest verstehen, warum er bestraft wurde – und in der Regel danach entsprechend anders handeln.

Nicht so in der Hundewelt: Wenn Dauerbeller und Leinenzieher Balu sein Herrchen den ganzen Tag genervt hat und der ihm zur Strafe sein Lieblingsspielzeug wegnimmt, hat Balu das nach drei Minuten vergessen. Und er wird bei nächster Gelegenheit erneut bellen oder an der Leine ziehen. Wird ein Kind mit Hausarrest bestraft, denkt es meist sehnsüchtig daran, wie sich die anderen Kinder gerade auf dem Abenteuerspielplatz vergnügen. Ein Hund käme nie auf die Idee, sehnsüchtig an die anderen Hunde auf der Hundewiese zu denken. Auch die Schlussfolgerungen der beiden sind unterschiedlich. Das Kind denkt: »Das nächste Mal verhalte ich mich anders, dann kann ich wieder mitspielen.« Der Hund dagegen wird vom Instinkt getrieben, für ihn zählt nur, was er als Nächstes machen kann. Er ist nicht in der Lage, aus der Bestrafung für die Zukunft zu lernen und sich zu sagen: »Ist ja dumm gelaufen heute! Besser, ich ziehe und belle weniger, dann darf ich später wieder zu den Kollegen auf die Wiese.«

Mit dem Märchen von der Bestrafung verhält es sich genauso wie mit dem Mythos »Mein Hund versteht alles, was ich sage«: Hunde können Sachverhalte und Entscheidungen nicht verstehen und nachvollziehen wie wir Menschen. Daher verstehen sie auch nicht, was eine Strafe ist. Sie können nicht »nach vorne« denken, denn sie leben voll und ganz im Jetzt. Sie erinnern sich allerdings an bestimmte Ereignisse, die sie in der Vergangenheit mit einer unmittelbar an ein Ereignis gekoppelten Korrektur verknüpft haben. Auf unsere Menschenwelt übertragen hieße das zum Bei-

(Un-)Hündische Vermenschlichung

> **IRRTUM NR. 18:**
> **»Mein Hund lernt, wenn ich ihn bestrafe.«**
> Falsch! Ihr Hund handelt nicht wie ein Mensch (durchdacht und absichtsvoll), sondern hündisch (instinktiv und aus dem Augenblick heraus). Daher kann er den Sinn einer Bestrafung nicht nachvollziehen. Das Einzige, was ein Hund versteht, sind Korrekturen, die wir unmittelbar an ein unerwünschtes Verhalten koppeln. Wenn ich meinem Hund durch Leinenkorrektur und/oder ein Hörzeichen konsequent verbiete, ein bestimmtes Zimmer zu betreten, speichert er das und verhält sich fortan dementsprechend. Andere als Strafe gedachte Maßnahmen wie Futterentzug, Hausarrest oder gar körperliche Züchtigung (Tabu! Das zerstört Vertrauen!) kommen beim Hund nicht in der gewünschten Form an.

spiel: Wenn ich mich dorthin (zum Beispiel aufs Sofa) lege, tut mir das nicht gut. Oder: Wenn ich da (zum Beispiel ins Badezimmer) reingehe, tut mir das nicht gut. Hunde lernen nicht, weil sie etwas einsehen, sondern weil sie es mit einer positiven oder negativen Erfahrung verknüpfen. Aus diesem Grund kann man einen Hund nicht auf die gleiche Art und Weise bestrafen wie einen Menschen. Man kann lediglich unerwünschtes Verhalten immer dann, wenn es passiert, durch ein Leinensignal und/oder ein »Aus!« korrigieren – und zwar unmittelbar in der Sekunde danach. Im besten Fall bremst man den Hund schon vorher aus – wenn er gerade im Begriff ist, etwas Unerwünschtes zu tun (Leinensignal und »Nein!«) Dadurch, dass dem Hund ein Erfolgserlebnis verwehrt bleibt, wird er früher oder später lernen, das unerwünschte Verhalten nicht mehr zu zeigen. Korrektur und Lob müssen natürlich in einem angemessenen Verhältnis stehen. Daher dürfen Sie nicht vergessen, das erwünschte Verhalten mit warmer Stimme und/oder Streicheln zu belohnen.

Ihr Hund muss wissen, dass Sie ihm keinen Schaden zufügen wollen. Wenn Sie auf unerwünschtes Verhalten reagieren, sollte das unmittelbar nach der »Missetat« erfolgen. Sind bereits Minuten oder gar Stunden vergangen – zum Beispiel, wenn ein Hund während Ihrer Abwesenheit das Sofa angeknabbert hat –, weiß er nicht, weshalb er sanktioniert wird, und kann Ihre Reaktion nicht mit seinem (Fehl-)Verhalten in Verbindung bringen. Die Folge: Der Hund speichert: »Manchmal bekomme ich einfach so Ärger mit meinem Zweibeiner«, das verunsichert ihn und zerstört sein Vertrauen.

Die »Der braucht ab und zu mal einen Klaps«-Lüge

Wo wir gerade beim Thema Bestrafung sind: Der Irrglaube, einem Hund könne es nicht schaden, wenn er bei Fehlverhalten »eine verpasst bekommt« – im »besten« Fall einen Klaps, im schlimmsten Fall eine Tracht Prügel –, hält sich hartnäckig. Manche Halter von »schwierigen« Exemplaren sind überzeugt davon, dass das die einzige Sprache sei, die ihr Hund verstehe. Sogar manche Trainer propagieren in bestimmten Situationen die körperliche Züchtigung, indem der Hund bei schwerem Fehlverhalten beispielsweise mit der Leine geschlagen wird.

Das alles ist natürlich ganz großer Quatsch und in der Hundeerziehung ein Tabu: Hunde soll man genauso wenig schlagen wie Kinder – weder mit der Hand noch mit der eingerollten Zeitung oder mit der Leine. Schon ein regelmäßiger »kleiner Klaps« fügt dem Verhältnis zwischen Hund und Halter schweren Schaden zu. Wie schon zuvor erklärt: Hunde können den Sinn einer Bestrafung – egal welcher Art – nicht nachvollziehen. Wenn Herrchen oder Frauchen den Hund schlägt, weil er zum Beispiel vor ein paar Minuten einen Keks vom Wohnzimmertisch geklaut hat, speichert der Hund nicht: »Ich habe jetzt eine Ohrfeige bekommen, weil ich vorhin den Keks geklaut habe.« »Lieb sein« oder »böse sein« ist in der Welt des Hundes keine fassbare Kategorie. Der Hund weiß nicht, dass er Herrchen gerade genervt oder enttäuscht hat. Ein Hund fühlt sich nicht geschlagen, und er zieht auch keine Schlüsse daraus. Vielmehr bleibt hängen, dass Herrchen und Frauchen manchmal komische Zuckungen haben, die wehtun. In etwa so, als hätten Sie einen Freund, der einen Tick hat und Ihnen immer wieder völlig unvorhergesehen eine Ohrfeige verpasst. Wenn ein Hund regelmäßig solche »Ohrfeigen« bekommt, fühlt er sich in der Nähe seines Halters immer unsicherer, und irgendwann rechnet er jederzeit mit schmerzhaften Zuckungen. Das kann schließlich sogar zu einer aggressiven Gegenreaktion führen.

Ich will an dieser Stelle nicht moralisieren: Auch viele Eltern haben ihrem Kind schon mal eine Ohrfeige verpasst, weil sie im Stress waren und sich in dem Moment nicht anders zu helfen wussten oder das Kind schützen wollten, das kurz davor war, auf die Straße zu laufen. Das macht sie noch lange nicht zu Rabeneltern. Deshalb kann ich nachvollziehen, dass auch einem Hundehalter, den sein Schützling zur Weißglut gebracht hat, mal die Hand ausrutscht und er dem Hund im Reflex einen kleinen Patscher auf die Nase verpasst. Da kann ich als Trainer gerade noch ein Auge zudrücken. Das gilt übrigens auch, wenn ein Hund nach mir schnappt: Wenn der Hund bereit ist, dem Menschen wehzutun, darf der Mensch auch mal dem Hund wehtun. Abgesehen von diesen Einzelfällen gilt jedoch allgemein und jederzeit: Schlagen Sie niemals Ihren Hund!

Der Freudenpipi-Mythos

Herrchen und Frauchen bekommen Besuch. Zur Begrüßung springt ihr einjähriger Hund wild mit dem Schwanz wedelnd an den Gästen hoch, danach legt er sich auf den Rücken, und als die Gäste ihn streicheln wollen, passiert es: Der Hund hinterlässt einige Tröpfchen Urin. »Freudenpipi«, so die Erklärung der Halter. »Das macht der immer, wenn er jemanden besonders mag.« Kaum ein Mythos über Hunde hält sich hartnäckiger als der vom »Freudenpipi«. In Wirklichkeit geht es dabei nicht um Freude, sondern um Unterwerfung.

> **IRRTUM NR. 19:**
> **»Mein Hund macht vor Freude Pipi.«**
> Falsch! Das »Freudenpipi«, das vor allem Welpen und Junghunde abgeben, ist nichts anderes als eine Geste der Unterwürfigkeit, die mit dem Urin unterstrichen wird. Wären wir Hunde, könnten wir das riechen.

Ein Vergleich mit der Welt der Zweibeiner macht das vielleicht klarer: Stellen Sie sich vor, Sie sehen in der Stadt einen alten Bekannten. Franz, ein liebenswerter Zwei-Meter-Mann. Franz geht vor Ihnen, also klopfen Sie ihm, um ihn zu überraschen, von hinten auf die Schulter. »Hallo Franz, wie geht's dir?« Franz dreht sich um – und da bemerken Sie: Das ist gar nicht Franz. Der Typ sieht Franz zwar ganz ähnlich, er ist aber auch ziemlich gefährlich und wirkt nicht unbedingt liebenswert. Nun schaut er auch noch böse drein, weil Sie ihn erschreckt haben. Fast haben Sie den Eindruck, er wolle Sie schlagen. Sie versuchen die Verwechslung zu erklären, machen sich angesichts der imposanten Erscheinung durch beschwichtigende Handbewegungen und Worte klein: »Das war doch gar nicht so gemeint.« Schließlich lenkt der Franz-Doppelgänger ein und geht seines Weges.

Zurück in die Welt der Hunde: Ein Welpe oder Junghund hat nicht die Möglichkeit, sich durch Worte mitzuteilen. Wenn er glaubt, dass seine Körpersprache (unterwürfige Haltung) nicht ausreicht, um sein Gegenüber gnädig zu stimmen, springt er die Person zunächst an, um ihr das Gesicht (für den Hund: Ihre Lefzen!) zu lecken, und lässt dann auch schon mal unter sich, so die Fachsprache. Der Urin ist im Grunde genommen eine Friedensfahne unter Nasentieren, denn ein anderer Hund würde die Unterwerfung sofort am Uringeruch erkennen. Genauso markiert ein Hund, der sich am anderen Ende der Dominanzskala bewegt, seinen Status möglichst hoch und für jeden Konkurrenten gut erreich- bzw. erriechbar. Immerhin beschränkt sich das »Unter-sich-Lassen« bei unterwürfigen Hunden auf Welpen und Junghunde und geht danach in der Regel vorbei. Dominante Hunde markieren hingegen das ganze Leben.

Der »Hunde haben Gewissensbisse«-Mythos

Das Gewissen »drängt, aus ethischen bzw. moralischen und intuitiven Gründen, bestimmte Handlungen auszuführen oder zu unterlassen« – so die Definition bei Wikipedia. Demnach hat ein Mensch, der diesem Drang folgt, ein gutes Gewissen, und einer, der ihm nicht folgt, ein schlechtes. Auch wenn es noch so schön wäre, für Hunde spielen Ethik, Moral und

(Un-)Hündische Vermenschlichung

Intuition sicherlich keine Rolle, sie folgen ihrem Trieb, ihrem Instinkt. Logische Schlussfolgerung: Hunde kennen weder ein gutes noch ein schlechtes Gewissen.

Dennoch hören wir immer wieder Sätze wie »Mein Hund macht das, weil er ein schlechtes Gewissen hat«. Machen wir doch mal die Probe aufs Exempel und nehmen wir an, Herrchen kommt nach Hause und findet ein vollkommen lädiertes und zerbissenes Sofa vor. Was Herrchen nicht weiß: Nur einer seiner beiden Hunde ist während seiner Abwesenheit als Sofa-Beißer in Erscheinung getreten, der andere hat ruhig im Korb gelegen. Herrchen wird laut: »Wer WAR das!?« Hätten Hunde ein Gewissen, müsste sich der Täter nun bibbernd und mit schlechtem Gewissen in die Ecke verziehen – während sich der unschuldige Hund entspannt und mit gutem Gewissen »zurücklehnt«. Der Hund, den ein schlechtes Gewissen plagt, wäre sich demnach bewusst, dass er etwas falsch gemacht hat – und der andere Hund wäre sich bewusst, dass er eine reine Weste hat.

Doch was passiert nach Herrchens lautstarker Rüge wirklich? Beide Hunde – sowohl Täter als auch der Arglose – zeigen unterwürfiges Verhalten: ausweichender Blick, gesenkter Kopf, angelegte Ohren, eingezogener Schwanz. Schuldbewusstsein und schlechtes Gewissen? Nein, denn erstens war nur einer der Übeltäter, zweitens ist es für Hunde moralisch nicht fragwürdig, wenn sie (zum Beispiel weil sie unterbeschäftigt oder auf der Suche nach Keksrümeln in den Ritzen sind) ein Sofa zerstören, und drittens ist die Zerstörung ohnehin schon viel zu lange her, als dass der Täter-Hund sie noch mit der erhobenen Stimme seines Herrchens verbinden könnte. Beschwichtigungssignale? Ja! Und zwar von beiden Hunden, denn natürlich beziehen sie den tadelnden Ton automatisch auf sich. Sie können nicht differenzieren, wer etwas falsch gemacht hat und wer gemeint ist. Sofa-Attacken und ähnliche Untaten von Hunden erfolgen also immer komplett gewissenlos.

Eine amerikanische Studie[4] hat sich mit der Frage »Haben Hunde ein schlechtes Gewissen?« beschäftigt. Dazu wurde folgendes Experiment durchgeführt: Mehrere Besitzer verboten ihren Hunden, ein Leckerchen

---

4 Alexandra Horowitz in der Fachzeitschrift *Behavioural Processes*, Band 81, Ausgabe 3, Seite 447–453, 2009: *Disambiguating the »guilty look«*.

IRRTUM NR. 20:
»Mein Hund hat ein schlechtes Gewissen, ist trotzig, beleidigt, traurig oder eifersüchtig.«

Falsch! Bei allen genannten Gemütszuständen handelt es sich um menschliches Verhalten, das fälschlicherweise auf den Hund projiziert wird. So hat die mit »schlechtem Gewissen« verbundene unterwürfige Körpersprache des Hundes einzig und allein mit einer (in diesem Moment) dominanten Körpersprache des Menschen zu tun. Auch zu trotzigen und beleidigten Reaktionen sind Hunde nicht fähig, dazu müssten sie (wie wir Menschen) strategisch und vom Verstand bzw. emotional gesteuert handeln. Als »eifersüchtig« wahrgenommene Hunde haben nichts anderes im Sinn, als ihren Rang direkt unter dem Rudelführer zu verteidigen oder schlichtend zu »splitten«, um das Rudel nicht zu gefährden. Kurzum: Hunde haben keine Gemütszustände, wie wir sie bei Menschen kennen, auch wenn viele Menschen sich das manchmal wünschen. Aber immerhin: Gemeinsames Kuscheln löst bei Hunden genauso wie beim Menschen Glückshormone aus.

zu fressen, das sich in ihrer Nähe befand. Danach mussten die Halter den Raum verlassen. Während ihrer Abwesenheit wurden einige Hunde von einem Forscherteam dazu animiert, das Leckerchen trotz des Verbots zu fressen, andere »durften« sich an das Verbot halten, indem das Leckerchen einfach entfernt wurde. Als die Halter wieder in den Raum kamen, erzählte man ihnen entweder, dass ihr Hund brav gewesen sei und das Leckerchen nicht gefressen habe, oder, dass ihr Hund nicht brav gewesen sei und das Leckerchen trotz Verbot verspeist habe. Diese Angaben entsprachen mal der Realität, mal nicht. Die Aufgabe der Halter war es nun, ihren (»gehorsamen«) Hund freudig zu begrüßen bzw. ihren (»ungehorsamen«) Hund mit Worten zu rügen. Anschließend analysierten die Forscher die Reaktionen der Hunde. Ergebnis: Die Reaktionen hatten nichts damit zu tun, ob der Hund das Leckerchen tatsächlich gefressen hatte oder nicht. Alle Hunde, die ermahnt wurden, zeigten die typische schuldbewusste Körpersprache. Hunde, die das Leckerchen gefressen hatten und zu Unrecht von ihrem falsch informierten Halter gelobt wurden, zeigten keinerlei Schuldgebaren. Hunde, die das Leckerchen nicht gefressen hatten, aber von ihrem falsch informierten Halter gerügt wurden, wirkten in dieser Studie sogar »am schuldigsten«. Fazit: Die Körpersprache des Hundes, die manche Menschen als »schuldbewusst« interpretieren, hat nichts mit einem tatsächlichen Schuldbewusstsein zu tun. Wie sich ein Hund in solchen Situationen verhält, wird ausschließlich vom Verhalten des Besitzers beeinflusst.

Das »Aus Trotz oder Protest pinkeln/fressen/bellen«-Missverständnis

Ein Hund macht etwas Unerwünschtes. »Der hat aus Trotz auf den Autositz gepinkelt, weil er Autofahren so hasst«, heißt es dann. Oder: »Weil er Regen nicht mag, will er aus Protest nicht Gassi gehen.« Solche vermeintlichen Trotz- oder Protestreaktionen sind aber nichts weiter als eine Vermenschlichung hündischen Verhaltens. Tatsächlich sind Hunde zu Trotz und Protest gar nicht fähig. Denn dann müssten sie auch in der Lage sein, strategisch und vom Verstand gesteuert zu handeln – nach der Devise: »Also das gefällt mir wirklich gar nicht, und deswegen wehre ich mich jetzt ganz gezielt dagegen.«

Wenn Herrchen um 16 Uhr wieder zu Hause sein wollte, aber erst vier Minuten nach 16 Uhr auftaucht, macht ein Hund doch nicht aus Protest auf den Teppich. Und genauso wenig wählt er dabei ausgerechnet den teuren Flokati, der sich so schwer reinigen lässt, statt den billigen Läufer im Flur, der bei Ikea im Sonderangebot war. Nein, es gibt ganz andere Gründe für sein Verhalten: Eventuell hat er sich den Magen verdorben. Oder er musste einfach zu lange allein und ohne Auslauf in der Wohnung ausharren. Vielleicht hat auch Lärm-Stress, etwa durch eine Kreissäge in der Nachbarwohnung oder durch ein Gewitter oder Feuerwerk, seine Verdauung unaufhaltsam angeschoben. Wann er dann wo hinmacht, ist jedenfalls purer Zufall – fernab von Trotz und Protest.

Eine weitere vermeintliche »Protestreaktion«, die ich in meinem Alltag als Hundetrainer in ähnlicher Form immer wieder erlebe, ist die Nahrungsverweigerung. »Mein Hund frisst sein Futter nicht – aus Protest«, sagt der Kunde. »Der weiß nämlich genau, wenn er da nicht drangeht, bekommt er danach anderes Futter.« Warum der Hund tatsächlich das zunächst angebotene Futter verschmäht, bleibt sein Geheimnis. Leider können wir ihn nicht fragen, und selbst wenn wir ihn mit einem Leckerchen bestechen, würde er uns keine Antwort geben. Vermutlich schmeckt ihm das Futter einfach nicht besonders gut, und daher lässt er es erst mal liegen. Auf einer Hundezunge befinden sich nämlich rund 2.000 Geschmacksrezeptoren. Diese sagen dem Hund nicht nur, ob etwas überhaupt fressbar ist oder nicht. Sie übermitteln ihm auch, ob er den Geschmackseindruck als angenehm, neutral oder unangenehm empfindet. Im Zweifelsfall entscheidet das Nasentier Hund jedoch bei zwei oder mehreren Futterquellen über den Geruch, was er zuerst antastet und frisst. Somit würde er sich bei der Auswahl »Steak oder Salat« klar für das Fleisch entscheiden. Befände sich jedoch das Steak unter einer hermetisch abgeschlossenen Plexiglasglocke und der Salat auf einem Teller daneben, so würde er, hätte er sehr großen Hunger, womöglich sogar den weniger attraktiven Salat fressen. Stark riechendes Essen wird also eindeutig bevorzugt.

Es gibt auch sehr unterwürfige Hunde, die sich nicht trauen, in Anwesenheit eines Menschen zu fressen, weil sie diesen nicht provozieren wollen. Meist bedrängt der Mensch einen solchen Hund dann umso mehr (»Friss das doch! Ist sooo lecker!«), statt ihn beim Fressen allein zu lassen. Das alles hat jedenfalls rein gar nichts mit kalkuliertem Protest zu tun. Und der Einzige, der genau weiß, dass der Hund ein anderes Futter bekommt, wenn er an das, was ihm vorgesetzt wurde, nicht rangeht, ist der Mensch. Allenfalls stellt der Hund eine Verknüpfung her: Wenn ich das erste Futter nicht nehme, bekomme ich das nächste.

In diesem Sinne: Hunde, die angeblich aus Protest oder Trotz bellen, pinkeln, nicht fressen oder was auch immer machen oder nicht machen, haben gute Gründe für ihr Verhalten – aber sicher nicht die beiden gerade genannten. Entweder haben sie etwas in der Vergangenheit negativ bzw. positiv verknüpft und handeln nun dementsprechend. Oder sie zeigen ein Verhalten, das auf eine Erkrankung zurückgeht. Nicht zu vergessen: Protest und Trotz lassen sich Hunden sicherlich auch deswegen gerne andichten, weil der Mensch dann aus dem Schneider ist. Ich habe beispielsweise die Erfahrung gemacht, dass »Protest«-Beller meist nur schlecht erzogen sind.

Der »Mein Hund ist beleidigt«-Irrtum

Ganz oben in der Liste der populären Mythen zur »tierischen Vermenschlichung« steht: »Mein Hund ist beleidigt.« Doch wie soll ein Hund das können? Um zu einem solchen Gefühl fähig zu sein, müsste er über die Kapazität verfügen, etwas zu reflektieren. Denn nur, wenn man etwas versteht, kann man beleidigt sein. Eine Mutter reagiert vielleicht beleidigt, wenn ihr Sohn den Muttertag vergisst. Und ein Kind, wenn es seine Lieblingssendung im Fernsehen nicht sehen darf. Aber ist ein Hund beleidigt, wenn man vergisst, ihm zum Geburtstag einen Extraknochen zu schenken? Oder wenn er nachmittags nicht zum Spielen mit seinen Hundekumpels auf die Wiese darf? Ein klares Nein, denn zu so einer Einsicht ist ein Tier nicht fähig.

Besonders häufig wirken Hunde auf Menschen »beleidigt«, nachdem sie gerade etwas Unerwünschtes gemacht haben und dafür mit lauter Stimme gemaßregelt und ins Körbchen geschickt worden sind. Ruft der Halter den Hund nämlich danach zu sich, kann es passieren, dass der lieber im Körbchen bleibt, statt zu kommen. Nimmt der Hund seinem Halter wirklich übel, dass der ihn »zusammengefaltet« hat? Nein, vielmehr reagiert der Hund auf die Stimme und die Körpersprache des Besitzers, der tief drinnen immer noch sauer auf den Hund ist, sodass seine Stimme entsprechend negativ aufgeladen klingt. Hunde sind in dieser Hinsicht sehr feinfühlig und erkennen anhand der Stimme und der Gestik eines Menschen seine Stimmung. Vielleicht betont der Halter den Namen des Hundes ganz anders oder nicht so freudig wie sonst. Das kennt der Hund nicht – und bleibt lieber im Körbchen. Woraufhin der Halter ihm wiederum eine menschliche Regung unterstellt und annimmt, er sei beleidigt.

Auch Hunde, die ihrem Halter den Rücken zuwenden, werden schnell in die Schublade mit der Aufschrift »Der ist beleidigt« gesteckt. »Schau mal, jetzt dreht er sich extra weg.« Auch in diesem Fall bewertet der

Halter seinen Hund fälschlicherweise wie einen Menschen. In der Hundewelt hat das Den-Rücken-Zudrehen jedoch eine ganz andere Bedeutung: Es ist ein Vertrauens- und Beschwichtigungssignal. Ein Hund, der einem Menschen nicht vertraut, wird ihm kaum den Rücken zuwenden und sich schon gar nicht von hinten kraulen oder streicheln lassen. Er beobachtet stattdessen das Verhalten seines Gegenübers, um jederzeit reagieren zu können. Im Gegensatz dazu signalisiert ein Hund, der dem Halter (oder einem anderen Hund!) den Rücken zuwendet, dass von ihm keine Gefahr ausgeht.

Das »Mein Hund ist traurig«-Märchen

Ein Hund läuft Hunderte von Kilometern zurück zu Herrchens Haus. Ein anderer wartet jahrelang am Bahnhof, dass sein verschollener Besitzer zurückkommt. Das ist der Stoff, aus dem Hollywood-Filme gesponnen werden. Gibt es wirklich Hunde, die sich so verhalten? Und wenn ja, machen sie das, weil sie traurig sind? Oder sind Hunde, die trauern, bloß ein Mythos?

Natürlich gehen wir bei der Einschätzung zunächst einmal von unserer eigenen, menschlichen Definition von Trauer aus. Wir trauern, wenn ein geliebter Mensch (ein Haustier) stirbt oder wenn eine Beziehung zu Ende geht. Über solche Ereignisse hinaus, die früher oder später jeden Menschen betreffen, kann Trauer aber auch etwas sehr Persönliches sein: Worüber der eine trauert, ist für den anderen keinen Gedanken wert. Menschen trauern aus unterschiedlichsten Gründen und auf vielfältige Art und Weise. Trauer kann nicht nur Menschen gelten, sondern auch Gegenständen. Etwa wenn ein Auto, das man 15 Jahre lang gefahren hat, in die Schrottpresse kommt. Manchmal empfinden wir auch Mitleid und trauern mit, weil jemand, den wir gut kennen, etwas Schreckliches erlebt hat.

Aber wie ist das bei Hunden? Um Mitleid zu empfinden, müssten sie in der Lage sein, sich in andere hineinzuversetzen. Das wird ihnen kaum jemand unterstellen. Dann bliebe nur die »einfache« Trauer bzw. Traurigkeit übrig. Wenn ein kleines Kind seinen Ball beim Spielen auf der Wiese vergisst, ist es womöglich den ganzen Tag danach traurig (weil es der Lieb-

(Un-)Hündische Vermenschlichung

lingsball war, den es von der Oma zum Geburtstag bekommen hat!). Eine Katastrophe, die ein Kind tagelang beschäftigen kann. Einem Hund ist dagegen nicht einmal bewusst, wer ihm seinen favorisierten Ball zum Spielen geschenkt hat. Und wenn er ihn auf der Wiese zurücklässt, weiß er das schon gar nicht mehr, wenn er nach dem Spaziergang mit seinem Halter die Wohnung betritt. Wobei es durchaus vorkommen kann, dass er am nächsten Tag an der Stelle, wo er zuletzt mit dem verlorenen Ball gespielt hat, die entsprechende Geruchsverknüpfung herstellt und nach dem Ball sucht. Der Mensch interpretiert dann schnell: »Der Hund ist traurig, weil er seinen Ball verloren hat.« Oder: »Der Hund vermisst seinen Ball.« Und genau aus solchen Erfahrungen heraus würden die meisten Hundebesitzer die Frage, ob ihr Hund manchmal traurig ist, mit einem spontanen »Ja!« beantworten.

Kommen wir noch einmal zurück zu den bereits erwähnten hollywoodreifen Hunde-Anekdoten: Die populärste spielt sich nicht im Wartehäuschen eines Bahnhofs, sondern auf dem Grab von Herrchen oder Frauchen ab. Offenbar scheint es nicht wenige Hunde zu geben, die neben oder auf dem Grab ihres verstorbenen Halters sitzen. Aus Trauer? Um dem geliebten Besitzer immer noch nahe zu sein? Eines ist sicher: Weil wir Menschen Hunde so sehr lieben, fänden wir es toll, wenn ein Hund so um einen Menschen trauern würde. Das ist eine Vorstellung, die uns unsere vierbeinigen Freunde noch sympathischer macht und sie uns noch näherbringt in einer Welt, die wir oft als kühl und falsch empfinden und in der wir Hunde im Unterschied zum Menschen gerne als reine, warme, unverdorbene Wesen glorifizieren.

Keine Frage: Hunde *sind* toll und liebenswert – doch als trauernd oder traurig im menschlichen Sinne habe ich sie noch nie erlebt. Ich beschäftige mich seit 1985 intensiv mit Hunden – seit über 15 Jahren auch professionell – und ich habe in meinem Umfeld noch nie von einem Hund gehört, der neben oder auf einem Grab sitzt, geschweige denn auf dem Friedhof einen solchen Hund getroffen. Meine Erklärung für die unzähligen Anekdoten dazu ist folgende: Nehmen wir an, Herrchen ist gerade beerdigt worden und Frauchen geht mit dem Hund jeden Tag zum Friedhof, um das Grab zu pflegen und ihre Trauer zu verarbeiten. Während Frauchen nun am Grab steht oder sitzt und an ihren geliebten Mann denkt, fühlt sie sich einsam. Also krault sie ihren Hund, sie kuschelt mit ihm, ist ihm so nah wie sonst selten im Alltag. Sie spricht mit leiser, einfühlsamer Stimme zu ihm: »Du vermisst Herrchen auch, oder?« Der Hund versteht natürlich nicht, was Frauchen meint, aber er speichert sehr wohl etwas Positives ab: Wenn ich mit Frauchen an diesem Ort bin, geht es mir richtig gut. Mit der Zeit wird er sich immer mehr an das Grab und die entspannte Zeit dort gewöhnen. Und sicher wird er dann manchmal schon von Weitem Richtung Grab ziehen oder es sich in Frauchens Beisein bei gutem Wetter auf dem Grab bequem machen. Der Hund weiß nicht, was ein Grab ist. Genauso wenig kennt er den Unterschied zwischen einer Wiese im Park und einem Vorgarten. Entscheidend ist für ihn jedoch, wie sich der Halter an diesem Ort benimmt. Das speichert der Hund, und dementsprechend verhält er sich. Fazit: Hunde denken nicht übers Sterben nach, sie wissen gar nicht, was das ist. Daher sind sie auch nicht dazu in der Lage, so wie Menschen zu trauern oder traurig zu sein. Aber sie reagieren auf menschliches Verhalten manchmal auf eine Art und Weise, die wir Menschen als Trauer interpretieren.

Ist dieser Hund wirklich traurig über den vermeintlich toten Artgenossen?

(Un-)Hündische Vermenschlichung

Auch bei den erwähnten »Hund wartet jahrelang am Bahnhof auf Herrchen«-Geschichten würde ich von Gewohnheitsverhalten des Hundes ausgehen – nicht von Trauer. Denn der Hund kann gar nicht wissen, dass Herrchen verschwunden oder verstorben ist. Wenn er wüsste, was »tot sein« bedeutet, und sich noch dazu bewusst wäre, dass sein Herrchen tot ist, würde er sich den Weg zum Bahnhof sparen und den Bus zum Friedhof nehmen. Warum also kommt ein Hund immer zur gleichen Uhrzeit zum Bahnhof zurück? Und: Ist es wirklich immer genau die gleiche Uhrzeit? Oder haben die Menschen im Nachhinein »an der Uhr gedreht«? Der Hund hat jedenfalls weder eine Uhr ums Bein geschnallt noch kann er den Fahrplan lesen. Aber es gibt Dutzende Möglichkeiten (positive Verknüpfungen), warum er schon zu Herrchens Lebzeiten immer zur ungefähr gleichen Zeit den Bahnhof aufgesucht haben könnte, vielleicht ist er sogar von Frauchen dazu animiert worden. Und wenn Menschen am Bahnhof einen Hund sehen, beschäftigen Sie sich natürlich mit ihm. Er wird angesprochen, bekommt vielleicht etwas zu trinken oder zu fressen, wird gestreichelt – und fühlt sich wohl an diesem Ort. Und dann kommt auch noch Herrchen von der Arbeit zurück und freut sich wahnsinnig, dass sein Hund auf ihn wartet. Der Reiz »Bahnhof« ist groß, der Reiz »Herrchen« ist noch größer, also geht der Hund Tag für Tag mit Herrchen vom Bahnhof zurück nach Hause. Und wartet am nächsten Tag wieder am Bahnhof, um ihn »abzuholen«. Fällt nun der Reiz »Herrchen« weg, bleibt immer noch der Reiz »Bahnhof«. Wie gesagt: Der Hund weiß nicht, dass sein Herrchen gestorben ist, aber viele der Angestellten und Passanten am Bahnhof wissen es – und gehen daher aus Mitleid umso freundlicher und liebevoller mit dem Hund um. Der wiederum verknüpft einmal mehr: Dieser Ort (Bahnhof) tut gut. Also behält er seine Gewohnheit auch nach Herrchens Tod bei. Ein Hund, der aus Trauer und Treue am Bahnhof auf sein gestorbenes Herrchen wartet – diese Interpretation klingt einfach zu herzzerreißend, um wahr zu sein. Eine Traumvorlage für Drehbuchautoren bietet sie allemal.

Alle bisher genannten Einschränkungen und Zweifel an den kursierenden Geschichten über Hunde, die trauern, sollen nicht bedeuten, dass der Verlust eines nahestehenden Menschen oder eines vierbeinigen, im gleichen Haushalt lebenden Spielkameraden einen Hund völlig kalt lässt. So etwas kann beim Hund zu einem Verlust von Sicherheit und damit zu großem Stress führen. Schließlich ändert sich die Struktur des Rudels, wenn ein Mitglied (womöglich das ranghöchste) plötzlich verschwunden ist. Von einem auf den anderen Tag muss sich der Hund einer bislang ständig präsenten Vertrauensperson nicht mehr unterwerfen. Das wirft auch für ihn instinktiv die Frage auf: Wer hat jetzt das Sagen? Wem muss ich folgen?

Die »Mein Hund ist eifersüchtig«-Projektion

Können Hunde Eifersucht empfinden? Aufschluss gibt dazu eine Alltagssituation, die fast jeder Hundebesitzer so oder ähnlich schon einmal erlebt hat: Frauchen spaziert mit dem Rüden Blacky über die Hundewiese, die beiden treffen einige andere Hund-Halter-Gespanne. Die Hunde laufen frei, beschnuppern sich, spielen. Einer der anderen Hunde lässt sich zwischendurch von Blackys Frauchen mit Streichel- und Kraueinheiten versorgen. Frauchen geht dabei in die Hocke, um den Hund besser erreichen zu können. Das gefällt Blacky überhaupt nicht: Er drängt sich dazwischen, versucht den Streichelkontakt zu verhindern. »Ach, mein Hund ist immer so eifersüchtig«, sagt Frauchen und erntet von den anderen Besitzern ein verständnisvolles Nicken. Blacky, ein eifersüchtiger Hund?

Wenn Blacky sprechen könnte, würde er nicht sagen: »Hallo, was soll das?! Mein tolles Frauchen gehört nur mir allein.« Sondern: »Hey, Kollege, weg da! Du hast überhaupt nicht den Status, dich in *dieser Form* meinem Rudelführer zu nähern!« Blacky drängt sich also dazwischen, um seinen Rang deutlich zu machen und zu verteidigen. Sein Frauchen sieht er als die Rudelführerin, und direkt darunter kommt er. Wäre Blacky dominanter, könnte aus dem Weg- oder Dazwischendrängen schnell ein Verjagen oder gar Wegbeißen werden. Je dominanter ein Hund, desto sensibler wird er darauf reagieren, wenn jemand seinem Rudelführer zu nahe kommt.

Bei sozial sehr verträglichen Beta-Hunden – also solchen, die weder besonders dominant (Alpha) noch besonders unterwürfig (Omega) sind – kann das Dazwischengehen auch noch einen anderen Grund haben: Sie wollen »splitten«, sprich zwei starke Kontrahenten auseinander-

(Un-)Hündische Vermenschlichung

Der gescheckte langhaarige Hund ist ein klassischer Beta-Hund: Um Streit im Rudel zu verhindern, wirft er sich zwischen die Kontrahenten, um diese zu »splitten«

bringen. Diese Aufgabe hat die Natur einigen Hunden im Rudel zugewiesen, um die stärksten Rudelmitglieder, die sich häufig bekämpfen, auseinanderzubringen, da sie sonst das Rudel insgesamt schwächen. Diese Beta-Hunde »splitten« nicht nur Artgenossen, sondern sie tun das auch manchmal bei Begegnungen zwischen Mensch und Hund oder Mensch und Mensch. Ein solcher Hund kann schon eine stürmische Begrüßung unter Menschen als »Kampf« empfinden, der beendet werden muss. Vielleicht haben Sie das auch schon einmal erlebt: Sie haben einen neuen Partner, und Ihr Hund (oder der Hund des Partners) lässt anfangs in seinem Beisein keine Annäherung zu, schon bei einer kurzen Umarmung drängt er sich sofort dazwischen. Ein solches Verhalten bestätigt natürlich einmal mehr das Fehlurteil »eifersüchtiger Hund«. Doch mit Eifersucht, wie wir sie unter Menschen kennen, hat all das nichts zu tun, denn dieses Gefühl ist frei von Status, Rangordnung und Rudeldynamik oder, wie es im *Zeit*-Lexikon heißt, ein »qualvoll erlebtes Gefühl vermeintlichen oder tatsächlichen Liebesentzugs«.

Wie so oft ist, was die Eifersucht betrifft, bei der Beurteilung hündischen Verhaltens ein gutes Stück menschliche Eitelkeit im Spiel. Verständlich – denn wenn ich davon ausgehe, dass mein Hund eifersüchtig ist, fühle ich mich geliebt und bestätigt.

Die »Mein Hund liebt und vermisst mich«-Einbildung

Herrchen »parkt« seine Mischlingshündin Basca zwei Stunden lang bei seiner Mutter, weil er einen Arzttermin hat. Als er die Wohnung seiner Mutter verlässt, macht Basca zunächst Anstalten, ihm zu folgen. Als die Mutter anfängt, sich sehr intensiv um Basca zu kümmern – sie streichelt, mit ihr spielt –, scheint die Hündin sich schließlich doch wohlzufühlen, auch ohne ihr Herrchen. Wenn Herrchen im Sommer in den Urlaub nach Andalusien fährt, möchte er seiner schon etwas älteren Mutter nicht ganze drei Wochen mit Basca zumuten, also gibt er sie in dieser Zeit in der Hundepension seines Vertrauens ab. Da hat sie genügend Auslauf und trifft jede Menge Artgenossen. Dennoch hat Herrchen dabei Jahr für Jahr

(Un-)Hündische Vermenschlichung

ein schlechtes Gewissen. An das kurzfristige »Parken« bei seiner Mutter hat sich der Hund schnell gewöhnt, aber drei Wochen ohne ihn – das ist schon eine andere Nummer. Wenn Basca bellt, weil er sie in der Hundepension zurücklässt, fühlt sich Herrchen richtig mies. Und wenn er sie dann nach drei Wochen abholt und Basca ihn schwanzwedelnd begrüßt, sein Gesicht ableckt, sich auf den Rücken legt und von ihm streicheln lässt, dann fühlt er sich fast noch mieser. »Basca muss mich ganz schön vermisst haben«, denkt Herrchen in dem Moment – und hat erneut ein schlechtes Gewissen.

Ich sage: Es gibt keinen Grund dafür. Erstens würden Basca die Temperaturen von bis zu 40 Grad an Herrchens Urlaubsort gar nicht guttun, mal ganz abgesehen von dem Stress, den ein Transport per Hundebox im Frachtraum eines Flugzeugs mit sich bringt. Und zweitens stellt sich ein Hund sehr schnell auf das Leben in einer neuen Umgebung und in einer neuen Struktur ein. Hunde befolgen eine Grundregel: Sie machen immer das Beste aus ihrer Situation. Auch Basca ist schon nach zwei bis drei Tagen komplett in den neuen Alltag eingetaucht. Sie ist nicht in der Lage, wie ein Mensch an den Bezugspartner zu »denken« – daher kann sie Herrchen auch nicht vermissen. Zumal das geschulte Personal einer guten Hundepension schnell das Vertrauen eines Hundes gewinnen und ihn auf sich fixieren kann.

Auch Hunde, die in neuer Umgebung nicht fressen, tun dies nicht, weil sie ihren Halter vermissen. Meistens handelt sich in solchen Fällen um Exemplare, die im Alltag fast immer mit dabei sind – sei es auf Autofahrten, beim Einkaufen oder am Arbeitsplatz. Ist Herrchen oder Frauchen nun plötzlich nicht mehr da, ist das für den Hund eine ungewohnte Situation, die zu Unsicherheit und Stress führt. Diese »Verlustangst« bezieht sich allerdings weniger auf die Persönlickeit des Halters als, vielmehr auf die üblichen Alltagsaktivitäten, die der Hund mit diesem verknüpft. Nach diesen Aktivitäten »sehnt« sich der Hund, und wenn sie wegfallen, kann Appetitlosigkeit die Folge sein. Appetitlosigkeit kann aber auch dann vorkommen, wenn ein Hund, der sehr unterwürfig ist, von einer »neuen« Person Essen angeboten bekommt. Der unbekannte oder nicht gänzlich vertraute Mensch wird vom Hund oft als ranghöher einstuft und so kann es passieren, dass er das Essen nicht antastet, weil er zunächst die »Lage checken« will.

Natürlich ist es wichtig, dass wir ein inniges und von Vertrauen geprägtes Verhältnis zu unserem Hund haben. Aber so wichtig, dass unser Hund nicht mal ein paar Tage oder Wochen ohne uns auskommen kann, sind wir nicht – auch wenn uns dieser Glaube ein wohliges Gefühl gibt. Dieses Gefühl ist aber zugleich eitel und egoistisch, weil dahinter der Gedanke steht: »Ich bin für meinen Hund unersetzlich.«

Genießen Sie Ihren Urlaub und genießen Sie es, wenn Ihr Hund beim Wiedersehen vor Freude ausflippt. Solange Sie dafür sorgen, dass der Hund in guten Händen ist und genügend Auslauf und Futter hat, kommt er schon klar. Vielleicht werden Sie manchmal von Ihrem Partner, Ihren Kindern, Ihren Eltern oder Ihren Freunden vermisst – Ihr Hund vermisst Sie keine Sekunde.

Wer davon ausgeht, dass sein Hund ihn zumindest genauso »über alles liebt« wie umgekehrt, wird ebenfalls enttäuscht: Hunde sind Tiere, die Form von Liebe, wie der Mensch sie kennt und idealisiert, ist ihnen fremd. Basca freut sich so sehr über das Wiedersehen mit Herrchen, weil sie ihn sofort wiedererkennt und er ihr sehr vertraut ist. Nach dem Urlaub ist vor dem Urlaub: Hunde können sehr wohl eine enge Beziehung und Bindung zu einem Zweibeiner aufbauen. Und wer dies einmal erreicht hat, braucht keine Angst haben, dass ein mehrwöchiger Urlaub daran etwas ändert. Hunde funktionieren über Instinkt und Verknüpfung, nicht über Gefühle. Sie können in diesem Sinne weder lieben noch hassen. Zum Glück: Ein Hund, der schlecht erzogen ist und dazu neigt, sich an Schuhen zu vergreifen, zerbeißt nicht die teuren Lederschuhe statt der billigen Flip-Flops, weil er sein Frauchen hasst. Und genauso wenig zerstört er »nur« die billigen Flip-Flops, weil er sein Frauchen liebt. Ein schlechtes Gewissen hat er dabei wie gesagt auch nicht.

Falscher »Zickenalarm«

Sie haben das sicher auch schon mal erlebt: Zwei Hunde plus Halter treffen sich im Park. »Vorsicht, das ist eine Zicke«, sagt der eine Halter zum anderen, als die beiden Hunde die Geruchskontrolle vornehmen. Er scheint recht zu behalten: Die »Zicke« zeigt Zähne und knurrt. Als

(Un-)Hündische Vermenschlichung

ihr Gegenüber keine Anstalten macht, sich zu entfernen, und stattdessen weiterschnuppern will, schnappt sie kurz nach ihm. Beide Halter ziehen ihre Hunde auseinander. Ende der Begegnung. Der Halter der »Zicke« verabschiedet sich mit den Worten: »Ich weiß auch nicht, warum sie das immer macht.«

Eine typische Situation, bei der die angebliche »Zicke« (natürlich) eine Hündin ist, der andere Hund aber genauso gut ein Rüde oder ebenfalls eine Hündin sein könnte. »Zicken« sind eben immer »zickig«, unabhängig davon, auf welches Geschlecht sie treffen – so das Klischee der »Zicke«, der die üblichen Attribute zugeschrieben werden: launisch, überspannt, eigensinnig, selbstverliebt, arrogant, unberechenbar, link. Wie die Metapher der menschlichen »Zicke« entstanden ist und was dahintersteht, können Soziologen und Sprachwissenschaftler erklären. An dieser Stelle interessiert nur eines: Die Bezeichnung ist fester Bestandteil der Umgangssprache geworden – und wird gerne auf Hündinnen übertragen.

> **IRRTUM NR. 21:**
> **»Meine Hündin ist eine Zicke.«**
> Falsch! Die Eigenschaften, die wir Menschen einer »Zicke« zuschreiben (launisch, selbstverliebt, arrogant etc.), lassen sich unmöglich auf die Hundewelt übertragen. »Zickiges« Verhalten bei Hündinnen ist vielmehr als Dominanz- oder Abwehrreaktion auf einen anderen Hund zu erklären, der bei Geruchskontrolle und Co. zu forsch und zu schnell Kontakt aufnimmt.

Dabei können Hündinnen genauso wenig »zickig« sein wie trotzig oder eifersüchtig. Was bei Begegnungen mit vierbeinigen »Zicken« tatsächlich passiert, ist Folgendes: Wenn sich ein Hund einer dominanten Hündin nach dem Motto »Hallo, hier bin ich! Wer bist du denn?« forsch nähert und sie beschnüffeln will, kann es sein, dass ihr das zu weit geht. Also zeigt sie Zähne, um zu signalisieren: »Lass das, ich will das nicht, du kommst mir zu schnell zu nahe!« Und wenn der oder die andere daraufhin nicht ablässt, schnappt die dominante Hündin eben kurz zu, um sich (artgerecht)

Respekt zu verschaffen. Die gleiche Reaktion könnte auch eine Hündin zeigen, die eher unterwürfig ist. In diesem Fall wäre das Zähnezeigen und Schnappen allerdings keine Dominanzgeste, sondern eine Abwehrhaltung, weil die Hündin vielleicht selten andere Hunde trifft und deshalb etwas mehr Zeit braucht, um Kontakt aufzunehmen.

Warum stecken Hundehalter ihre eigene Hündin eigentlich in die »Zicken«-Schublade? Viele tun das vermutlich, weil sie sich dadurch für ein Verhalten, das sie nicht verstehen, eine plausible Erklärung gebastelt haben. Manchen gefällt vielleicht auch die Vorstellung, eine hündische »Zicke« zu haben. Nicht umsonst gehört die Aufschrift »Zicke« zu den beliebtesten Klett-Stickern bei Hundegeschirren.

Hündinnen können nicht »zickig« im Sinne von launisch, überspannt oder eigensinnig sein. In der relativ berechenbaren Hundewelt existieren diese unberechenbaren Eigenschaften schlicht und einfach nicht. Eine Hündin, der man ein unberechenbares Verhalten nachweisen könnte, müsste verhaltensgestört oder krank sein. Der von uns Menschen interpretierte »Zickenalarm« beim ersten Kennenlernen kann durchaus in eine spielerische und harmonische Begegnung übergehen.

Natürlich gibt es auch unter Hunden und Hündinnen Exemplare, die sich gut riechen können, wie auch das genaue Gegenteil. Manchmal dauert es eben nur ein paar Sekunden, bis klar ist, ob gegenseitiges Interesse besteht oder nicht.

Die »100 Prozent Verlass«-Floskel

Kennen Sie einen Menschen, auf den Sie sich zu 100 Prozent verlassen würden? Nicht 95 oder 99 Prozent, sondern 100 Prozent – Fehlerquote: null! Ich kenne niemanden, der infrage käme. Obwohl ich Familienangehörige, eine Partnerin und gute Freunde habe, denen ich sehr vertraue. Aber zu 100 Prozent?! Wie soll das funktionieren? Ich würde selbst von mir nie behaupten, dass man sich zu 100 Prozent auf mich verlassen kann. Schließlich ist keiner perfekt: Wer ist noch nie zu einem Termin zu spät gekommen oder hat noch nie etwas vergessen? Das ist doch menschlich. Mir ist schon klar, dass »100 Prozent verlässlich« eher eine Redensart im

(Un-)Hündische Vermenschlichung

Sinne von »sehr zuverlässig« ist, die man weder allzu wörtlich noch allzu ernst nehmen sollte. Allerdings – und deswegen bringe ich das Thema zur Sprache – übertragen Menschen die »100 Prozent Verlass«-Floskel sehr gern auf Hunde. Wenn ich Sätze wie »Für diesen Hund lege ich meine Hand ins Feuer!« oder »Mein Hund würde niemals ein Kind beißen!« höre und der Sprecher dann noch ein beschwörendes »Auf den ist zu 100 Prozent Verlass!« hinterherschießt, kann es unter Umständen gefährlich werden. Denn wenn es um Verlass bei Hunden geht, ist natürlich nicht von Pünktlichkeit oder von Vereinbarungen die Rede. Vielmehr geht es um hündisches Verhalten, um Hundeerziehung bzw. darum, wie Hunde im Kontakt mit Menschen reagieren.

Wie schon beim Thema »Umgang zwischen Hunden und Kindern« angesprochen (siehe ab S. 58), möchte ich in diesem Zusammenhang ausdrücklich vor Leichtfertigkeit warnen. Was macht ein Hund, auf den »zu 100 Prozent Verlass« ist, wenn ihm ein Kind beim Spielen einen Finger in den After bohrt oder ihn an den Lefzen zieht? Im schlimmsten Fall wird er kurz zuschnappen oder zubeißen, um sich aus dieser misslichen Lage zu befreien, wie das unter Hunden üblich ist. Für einen anderen Hund wäre diese Reaktion in der Regel kein Problem, für ein Kind sind die Folgen alles andere als ein Spiel.

Wenn ich als Trainer bzw. Halter erreiche, dass ein Hund acht von zehn Hörzeichen befolgt, so kann man bereits von einem gut erzogenen Hund sprechen. Wie viele der rund 5,3 Millionen Hunde in Deutschland (plus Dunkelziffer der nicht angemeldeten) kommen bei den Hörzeichen auf eine 100-prozentige Quote? Die wenigsten. Klar, ich kann meinem Hund »100 Prozent« Aufmerksamkeit schenken. Das sind dann die 100 Prozent Aufmerksamkeit, zu denen ich als Mensch mit all meinen Stärken und Schwächen in der Lage bin. Ich werde jedoch nie erfahren, wie viel Prozent an Aufmerksamkeit mir mein Hund zurückgibt. Eines ist sicher: 100 Prozent werden es nicht sein. Realistischer wäre es zu sagen: »Bisher konnte ich mich auf meinen Hund immer verlassen.«

Kapitel 7
Wie finde ich den richtigen Hund?

Hund und Halter sollten zusammenpassen

Es gibt Menschen, die sich genau über die Eigenschaften einer Rasse informieren, bevor sie sich einen Hund zulegen. Andere finden eine bestimmte Rasse interessant oder mögen, wie diese Hunde aussehen, deshalb denken sie über deren spezifische Eigenschaften nicht großartig nach. Oder sie lassen sich mehr oder weniger spontan vom Nachbarn inspirieren und kaufen sich die gleiche Rasse mit den Worten: »Dann können wir gemeinsam spazieren gehen!«

Je spontaner und unüberlegter die Hundesauswahl getroffen wird, desto höher ist die Wahrscheinlichkeit, dass Hund und Halter nicht glücklich miteinander werden. Wenn ich als Trainer zu Hilfe gerufen werde und merke, dass Hund und Halter im Kräfteverhältnis nicht zusammenpassen, wünsche ich mir, ich hätte den Haltern bei der Auswahl ihre Hundes zur Seite stehen dürfen. Lassen Sie es mich überspitzt formulieren: Der Präsident einer Motorrad-Gang, der sich einen Chihuahua zulegt, wird höchstwahrscheinlich keine Probleme haben. Die 75-jährige Dame, die sich einen Mastiff anschafft, hingegen schon. Es ist wichtig, bei der Auswahl eines Hundes darauf zu achten, dass Sie Ihrem ausgewachsenen Freund in Konfliktsituationen nicht körperlich unterlegen sind. Ausnahmen bestätigen wie immer die Regel: Ich habe auch schon zierliche Hundehalterinnen erlebt, die einen weitaus kräftigeren Hund im Griff hatten; ebenso wie muskelbepackte Männer, denen ein kleiner Dackel auf der Nase herumtanzte. Im Grunde genommen läuft es immer wieder auf eine Forderung an den Halter hinaus: Sie müssen Ihrem Hund durch konsequentes und souveränes Auftreten Führung und Orientierung geben. Bei einigen Rassen ist das tendenziell leichter als bei anderen.

> **IRRTUM NR. 22:**
> **»Je größer ein Hund, desto schwerer erziehbar und potenziell gefährlicher ist er.«**
> Falsch! Ob ein kleiner Hund einem Baby ins Gesicht beißt oder ein großer einem Erwachsenen – die Größenverhältnisse sind die gleichen, die Folgen im ersten Fall womöglich noch viel schlimmer. Ob ein Hund gefährlich und wie leicht oder schwer erziehbar er ist, hängt nicht mit der Größe zusammen. Schließlich kann auch ein kleiner Mensch eine Bank überfallen. Hunde wissen ohnehin nicht, wie groß sie sind. Wir Menschen lassen uns von Größe und Stärke beeindrucken – das gilt auch bei der Beurteilung von Hunden. Ein Hund hingegen erriecht unabhängig von Statur und Muskelmasse, wie stark oder schwach ein Artgenosse ist.

Manchmal hat die Konstellation »Überforderter Halter, unterforderter Hund« fatale Folgen – so wie im folgenden Beispiel der altdeutschen Schäferhündin Lisa. Als ich den Auftrag erhalte, sie zu trainieren, wiegt Lisa bereits 26 Kilo – ein ganz schönes Übergewicht für eine achtmonatige Junghündin. Mein erster Eindruck: Lisa ist im Grunde genommen gar nicht erzogen, hat aber ein recht freundliches Wesen. Herrchen und Frauchen sind beide über 70 und Rentner. Ein angesehenes Akademiker-Ehepaar mit einer Villa in bester Wohngegend. Beide sind rüstig, der Mann allerdings etwas gebrechlich. Das Paar ist mit Lisa total überfordert, die Hündin wiederum ist total unterfordert. Ein typischer Fall von körperlichem Ungleichgewicht mit Folgen für den Alltag. Lisa stellt Passanten vor dem Haus und kläfft hysterisch. Herrchen und Frauchen können sie kaum an der Leine halten, sobald andere Hunde vorbeikommen. An Freilauf ist gar nicht zu denken.

Extreme Probleme draußen, keine Probleme drinnen. »In der Wohnung ist Lisa wie ein Lamm«, erzählen mir die Rentner. Ich frage sie, wie es sein kann, dass Lisa so viel wiegt, und vermute, dass das nicht nur am fehlenden Auslauf liegen kann. Es stellt sich heraus, dass beide ein schlechtes Gewissen haben und ihren Liebling zum Ausgleich kulinarisch verwöhnen – nach dem Motto: »Du bist trotzdem unsere Beste!« Zum Einsatz kommen Mozartkugeln, Kekse und reichlich Futter. Hat Lisa ein großes

Wie finde ich den richtigen Hund?

Geschäft verrichtet, wird ihr das Hinterteil mit Rosenwasser gespült. Rosenwasser! Wirklich wahr. Nun ist Rosenwasser wenigstens nicht schädlich, falsche Ernährung aber schon. Ich weise immer wieder darauf hin, dass Lisa stark übergewichtig ist, worunter die Knochen, der Bewegungsapparat und die Organe leiden. Und ich versuche, dem Ehepaar klarzumachen, dass ihr Verhalten Lisa gegenüber zwar gut gemeint sein mag, aber alles andere als gesund für den Hund ist. Die Halter – er ist ein pensionierter Arzt – zeigen Einsicht und geloben Besserung. Doch im Laufe der nächsten Monate zeigt sich immer deutlicher, dass die Konstellation Hund-Mensch in diesem Fall einfach nicht funktioniert. Lisa kommt kaum noch aus dem Haus, denn draußen gibt's immer Probleme – dafür bekommt sie drinnen weiterhin jede Menge Futter und Süßigkeiten. Aussicht auf Besserung: Fehlanzeige. Ich frage die Halter, ob sie sich vorstellen können, Lisa in gute Hände abzugeben, damit sie mehr Auslauf bekommt und ein hundgerechteres Leben führen kann. Doch dazu können sich die beiden nicht durchringen. Also hole ich den Hund gelegentlich zu Spaziergängen ab, um ihn körperlich wenigstens ein bisschen auszulasten. Schon nach knapp 400 Metern macht Lisa, die mittlerweile 40 Kilo auf die Waage bringt, schlapp. Sie japst und hechelt, legt sich hin, mag sich nicht mehr bewegen – ein jämmerliches und trauriges Bild.

Irgendwann gibt es eine Kontaktpause und ich bekomme Lisa rund sechs Wochen nicht zu Gesicht. Dann ruft mich Frauchen an und bittet, den Hund zum Spazierengehen abzuholen. Als die Tür aufgeht, bin ich geschockt – und wütend. Lisa hat noch mehr zugenommen. Selten habe ich einen dermaßen verfetteten Hund gesehen. Nur mit Mühe kann ich Lisa zu einem kurzen Gassigang animieren. Als ich die Hundedame zurückbringe, eröffnen mir Herrchen und Frauchen, dass sie nicht mehr können und Lisa jetzt doch abgeben wollen. Ich jubele innerlich und bin froh, dass die Leute endlich zur Vernunft gekommen sind. Fürs Erste übernehme ich Lisa in mein Rudel und unterziehe sie einer radikalen Diät. Mir tut es nicht eine Sekunde leid, wenn sie mich mit Knopfaugen, den Kopf geneigt und einem Blick, der sagt: »Bitte, bitte, ich habe noch Hunger«, ansieht – denn ich weiß, dass die Diät gut für sie ist. Heute hat Lisa Normalgewicht, lebt bei einer Familie mit schulpflichtigen Kindern vor den Toren der Stadt. Sie bekommt jede Menge Auslauf – und nie wieder Süßigkeiten.

Die »Geiz ist geil«-Mentalität beim Hundekauf

Jedes Jahrzehnt hat seine Modehunde. In den 1960er-Jahren führten Pudel und Dackel die Beliebtheitsskala an, in den 1970er-Jahren war es der Cocker Spaniel, in den 1980er-Jahren der Bobtail, und in den 1990er-Jahren boomten Dalmatiner und Golden Retriever. Nach der Jahrtausendwende legten sich immer mehr Leute einen Jack Russell Terrier bzw. Parson Russell Terrier oder einen Labrador zu. Und in den vergangenen Jahren passte der Stempel »Modehund« auf den Rhodesian Ridgeback, den Chihuahua und den Mops. Auch ein Revival von Ex-Modehunden ist nicht ausgeschlossen – gerade geschehen beim vor einigen Jahren angeblich schon vom »Aussterben« bedrohten Dackel.

Verantwortlich für den Boom einer bestimmten Rasse sind meistens Kinofilme oder Werbespots mit vierbeinigen Haupt- oder Nebendarstellern sowie Hunde von Prominenten, die dann in Klatschzeitschriften millionenfach zu sehen sind. Bei meinen Hundetrainerkollegen und mir treten die im Trend liegenden Rassen vermehrt als Problemhunde im Training auf. Das liegt zum einen daran, dass gerade Modehunde oft unüberlegt und spontan angeschafft werden – ohne dass sich die Käufer vorher mit den besonderen Merkmalen und Bedürfnissen einer Rasse auseinandersetzen. Zum anderen bringt jeder Boom unkontrollierte Nachzuchten sowie die entsprechenden Begleiterscheinungen mit sich: weil die seriösen Züchter die Nachfrage nicht bedienen können, wittern Massenzüchter das schnelle Geld und »produzieren« (anders kann man es leider nicht nennen!) ständig neue Welpen. Klar, dass dabei weder auf Zuchtzulassungen und gute Erbfaktoren (Stichwort »Überzüchtung«) noch auf eine gute Sozialisierung sowie Rückzugs- und Ruhemöglichkeiten der Welpen geachtet wird. Zudem werden die Welpen meist viel zu früh von der Mutter getrennt; das sollte frühestens ab der zehnten Woche erfolgen. Anders als gute Züchter legen unseriöse Hundehändler keinen Wert darauf, dass die Welpen in der entscheidenden Prägephase (die bereits in der zweiten Woche beginnt, aber auch nach der Abgabe an den Käufer noch bis zum 13. Monat andauert) das Richtige erleben und mit un-

Wie finde ich den richtigen Hund?

terschiedlichen Alltagsreizen konfrontiert werden. Das Haustier als Ware: Die Folgen können sowohl Ängste vor Geräuschen, Menschen und neuen Situationen sein, was häufig in nervöses und hibbeliges Verhalten oder sogar in Aggression umschlägt.

Die Massenzüchter profitieren von der grassierenden »Geiz ist geil«-Mentalität und den grenzenlosen Recherchemöglichkeiten per Internet: Kurz gegoogelt, schnell nach Tschechien oder Polen gefahren, und schon zahlt man für ein Exemplar der neuen Trendrasse weniger als die Hälfte des Preises, der hierzulande bei einem seriösen, registrierten Züchter fällig wäre. Ich kann nur an alle Hundefreunde appellieren, diesen Grauzonen-Markt nicht zu bedienen. Damit ziele ich nicht auf den sympathischen Hobbyzüchter von nebenan, der immer schon den Traum hatte, dass seine Hündin mal Welpen bekommt, sondern auf die skrupellosen Anbieter, die aus purer Profitgier handeln und meist in »Hundefabriken« auf Masse ausgelegt züchten. Manche dieser Hundehändler setzen sogar Elterntiere mit schweren Schäden zur Zucht ein, die ihre Defekte dann an die Nachkommen weitergeben. Als Folge treten auch bei ursprünglich gelassenen und robusten Rassen immer häufiger Verhaltensprobleme oder gesundheitliche Mängel auf.

Wie gesagt: Ein Hund ist kein DVD-Player, und ein Züchter kein Elektromarkt. Kaufen Sie daher Ihren Hund nicht zum Schnäppchenpreis oder auf dem Schwarzmarkt, sondern bei jemandem, den Sie kritisch ausgewählt und vor dem Kauf mehrmals besucht haben. Ein guter Züchter stabilisiert die Hunde bereits zwischen der dritten und fünften Woche. So sorgt er zum Beispiel mit viel Liebe und Geduld dafür, dass die Welpen schon in der Wurfkiste unterschiedliche Geräuschkulissen erleben. Später sind diese Hunde weitaus weniger geräuschempfindlich, Hund und Halter profitieren. Ein Hundehändler macht das nicht. Warum auch? Es ist ihm in den meisten Fällen schlichtweg egal, wie sich seine Welpen entwickeln. Hauptsache, sie werden verkauft und bringen den erwarteten Gewinn.

Oft wird haarsträubendes Halbwissen von Hundehändlern oder selbst ernannten »Züchtern« an die neuen Hundebesitzer weitergegeben. Da erzählt mir jemand stolz: »Den hab ich vom Züchter!« Und sagt im nächsten Moment: »Der Züchter hat gesagt, der soll bis zum sechsten Monat keinen Kontakt zu anderen Hunden haben.« Das ist, als würden Sie einem Kind bis zu seinem zehnten Lebensjahr den Umgang mit anderen Kindern verbieten.

Auch wenn es schwierig ist, die schwarzen Schafe in der Hundezucht zu erkennen, gibt es Kriterien, die dafür sprechen, dass es sich um einen guten und professionellen Züchter handelt. Ein guter Züchter hat sich auf eine Rasse spezialisiert, höchstens auf zwei. Sind es dagegen mehr Rassen oder heißt es bei Nachfrage einer bestimmten Rasse »Kann ich Ihnen auch besorgen, kein Problem!«, sollte man schnell das Weite suchen. Von einem guten Züchter kann man auch erwarten, dass er Ihnen die Elterntiere vorstellt. Können Sie Mutter oder Vater nicht sehen, ist das zumindest ein schlechtes Zeichen. Denn auch das Verhalten der Elterntiere kann dem aufmerksamen Welpeninteressenten sehr viel Aufschluss über den Züchter geben. Die Hündin muss nicht begeistert sein, wenn sich ein Fremder ihren Welpen nähert. Aber wenn sie Gäste schon aus 20 Metern Entfernung verbellt, so sollte Ihnen das zu denken geben. Kein guter Züchter würde mit einem aggressiven Tier die gesamte Zuchtlinie aus der Bahn werfen. Und eine Hündin, die Menschen scheut, hat meist schlechte Erfahrungen mit ihnen gemacht.

Entscheidend ist auch, wie der Züchter seine Hunde hält. Züchtet jemand in einer Wohnung mit Balkon und hat vielleicht nicht mal eine richtige Wurfkiste, können Sie ihn getrost vergessen. Aber auch ein Minigarten hinterm Reihenhaus ist etwas völlig anderes, als das artgerecht gestaltete Freilaufgehege eines anspruchsvollen Züchters – besonders wenn es um mittelgroße oder große Rassen geht. Professionelle Züchter von Rassehunden sind meistens Mitglied in einem anerkannten Verband (zum Beispiel der Verband für das deutsche Hundewesen, VDH). Der Kaufvertrag spricht ebenfalls Bände über die Professionalität und Qualität des Züchters: Ein guter Züchter sichert vertraglich ab, dass der Hund artgerecht und seinen rassetypischen Merkmalen entsprechend gehalten wird. Der Kaufvertrag enthält daher eine Klausel, die es ihm ermöglicht, den Hund zurückzufordern, falls der neue Halter gegen das Tierschutzgesetz verstößt. Deshalb keine Panik vor einer solchen Formulierung! Der verantwortungsvolle Züchter möchte den Hund in guten Händen wissen und sorgt sich nur um das Wohl seiner Tiere. Und genau das möchten Sie ja. Den gleichen Zweck erfüllt eine Klausel, die dem Hundezüchter ein grundsätzliches Vorkaufsrecht zusichert, wenn der neue Hundebesitzer sich wider Erwarten doch von seinem Hund trennen will oder muss.

Die Erfahrung und das Verantwortungsbewusstsein eines Züchters zeigt sich auch an der Art und Weise, wie er die zukünftigen Hundebesitzer inspiziert: Stellt er viele Fragen zu Ihrer Person und Ihrem Lebensstil? Oder wird nur über den Preis gesprochen und wann Sie den Hund abholen? Überlegt er mit Ihnen gemeinsam, welcher Welpe zu Ihnen passen könnte, oder ist es ihm egal?

Sicher, wenn jemand sich einen Hund wünscht und dann von unwiderstehlich süßen Welpen empfangen wird, ist es schwer, Nein zu sagen. Dennoch: Nehmen Sie sich Bedenkzeit, das begrüßt ein seriöser Züchter. Auch innerhalb einer Rasse gibt es oft Unterschiede: Man unterscheidet zwischen der »Showlinie« und der »Arbeitslinie«. Beide Linien haben einen völlig anderen Anspruch an den Hundehalter. Der Hund aus der Arbeitslinie muss ausreichend beschäftigt werden, weil er auf ein großes Arbeitspotenzial hingezüchtet wurde (»Leistungszucht«). Das Tier aus der Showlinie muss in erster Linie optisch dem Rassestandard entsprechen, ist meist weniger aktiv, dafür aber menschenbezogener. Sprechen Sie auch dieses Thema an. Schalten Sie Ihre Vernunft ein. Nur so können Sie sicher sein, am Ende einen Hund zu haben, der gesund ist und von dem Sie bekommen, was Sie sich von Ihrem Traumhund wünschen.

Typische Probleme mit Modehunden

Größe XS und S

Die quirligen **Jack Russell Terrier** (bzw. **Parson Russell Terrier**) gelten seit rund zehn Jahren als Modehunde – und sind in meiner Kundenkartei der Problemhund Nummer eins. Weil sie so putzig und klein sind, werden sie von Laien oft automatisch in der Kategorie »leicht erziehbar und unkompliziert« eingeordnet und als Familienhund angeschafft.

Klein, aber oho: Jack Russell Terrier sind sich (wie alle Hunde!) ihrer Größe nicht bewusst und bringen natürliche Eigenschaften mit, die – je nach Ausprägung – zu großen Problemen im Alltag führen können, selbst wenn sie aus einer guten Zucht stammen. Immer wieder erlebe ich, dass Jack Russell Terrier in der Familie zur Belustigung und Unterhaltung der Kleinen herhalten müssen. Aber wehe dem Hund, der mit Zwicken reagiert, nachdem ihn jemand am Schwanz oder an den Ohren gezogen hat. »Der hat unser Kind gebissen!«, heißt es dann von den aufgebrachten Eltern. Der »fachkompetente« Hundeverkäufer sagte schließlich, der Hund sei »kinderlieb«, und das stand auch so in der Anzeige. Wenn dann noch eine Bisswunde zu sehen ist, hat der »Familienhund«, der keiner ist und auch nie einer war, schon verloren.

Völlig unabhängig davon, ob Kinder involviert sind oder nicht, habe ich den Eindruck, den viele meiner Trainerkollegen bestätigen: Etwa fünf von zehn Jack Russell Terriern/Parson Russell Terriern sind schwer erziehbar. Sie neigen nicht nur zu einem hohen Aggressionsspiegel, sondern sind außerdem mutig, entschlossen, kompromisslos und aktiv bzw. hyperaktiv. Gerade Rüden haben oft Probleme mit Artgenossen und zeigen ein extremes Territorialverhalten. Weitere typische Jack-Russell-Probleme: starkes Ziehen an der Leine und ein ausgewiesener Beutetrieb, besonders bei Jagd- oder Leistungszuchten, wo die Elternpaare über Generationen hinweg für den Einsatz als Jagdhelfer und Rattenjäger selektiert wurden.

Natürlich habe ich überhaupt nichts gegen Jack Russell Terrier oder Parson Russell Terrier – im Gegenteil! Ich liebe diese Rassen, und gerade deswegen werde ich nicht müde, Familien bzw. Einzelpersonen, die sich zum ersten Mal einen Hund anschaffen wollen, darauf hinzuweisen, dass sie sich einen potenziell schwierigen Mitbewohner ins Haus holen. Wer bereits Erfahrung im Umgang mit Hunden sowie ausreichend Zeit hat und genau weiß, wie ein Jack Russell bzw. Parson Russell tickt, kann ihn mit Disziplin und Zuneigung zu einem gut abrufbaren und im Zusammenleben angenehmen und ausgeglichenen Gefährten erziehen. Menschen, denen es schwerfällt durchzugreifen und ihrem Hund konsequent Grenzen aufzuzeigen (»Ist eben ein Terrier ...«) oder die dazu neigen, ihren Hund zu verhätscheln, müssen allerdings das Glück haben, eines der eher seltenen unterwürfigen Exemplare zu erwischen – sonst wird es anstrengend.

Ganz andere Probleme erlebe ich mit **Chihuahuas**. Seit sie mit Strasshalsbändchen im Handgepäck von Stars wie Paris Hilton oder Mi-

Wie finde ich den richtigen Hund?

ckey Rourke durch die Gegend und an den Paparazzi vorbeigetragen werden, sind die großäugigen und kurzschnäuzigen XS-Hunde nicht nur in Promikreisen zu einer Art Trend-Accessoire geworden.

Weil sie oft auf dem Arm getragen oder in die Handtasche gesteckt werden, leiden die meisten Problem-Chihuahuas an Verlustangst. Obwohl die Rasse trotz ihres Fliegenwichts von anderthalb bis drei Kilo als robust gilt, beginnen die betroffenen Hunde schnell zu zittern, sind oft sehr scheu und aufgeregt. Ihre Angst haben Sie in der Regel von den Besitzern übernommen, die – durchaus verständlich – fürchten, dass ihr kleiner Liebling beim Kontakt mit weitaus schwereren und kräftigeren Hunden verletzt werden könnte. Das ist übrigens schon oft passiert. Viele Chihuahuas legen daher deutlich größere Strecken auf dem Arm oder in der Handtasche zurück als auf ihren eigenen Beinen und haben deshalb selten bis gar keinen Kontakt mit anderen Hunden – schon gar nicht mit größeren. Mein Ziel als Trainer ist beim typischen Problem-Chihuahua im Vergleich zum typischen Problem-Jack-Russell genau entgegengesetzt: Ich muss den Hund mutiger machen, ihn stabilisieren, ihm seine Verlustangst nehmen.

Größe M

Was früher der **Golden Retriever** war, ist heute der **Labrador Retriever**: Deutschlands beliebtester Familienhund – und das auch zu Recht. Die gelben, braunen oder schwarzen Labradore, gerne auch »Labby« genannt, sind grundsätzlich sehr soziale, gutmütige und kinderliebe Hunde und gelten als leicht erziehbar. Der Prototyp des »Blümchenhundes«.

Das ist weder negativ gemeint noch bedeutet es, dass die Rasse anspruchslos ist – ohne körperliche und geistige Auslastung kommt auch ein Labrador nicht aus. Da sie so verbreitet sind, haben sich die Labradore zu guten Kunden der Hundeschulen entwickelt. Übliche Probleme: Leineziehen, Sucht nach Wasser und Schwimmen, Fressgier. Aggressives Verhalten ist eher die Ausnahme, kommt aber durch die massenhafte Überzüchtung vermehrt vor (meist bei dominanten Rüden). Umso mehr sollte man darauf achten, sich einen Labby aus guten Händen zuzulegen. Warnendes »Vorbild« ist der Golden Retriever: In den 1990er-Jahren wurde er zunehmend unkontrolliert nachgezüchtet, woraufhin die Anfälligkeit für bestimmte Krankheiten (Asthma, Epilepsie, hängende Augenlider) stark anstieg.

Mit solchen rassenspezifischen Problemen haben **Mischlinge** – die am weitesten verbreitete Hundegruppe in Deutschland – zum Glück nicht zu kämpfen, es sei denn, es paaren sich zwei überzüchtete oder mit Erbkrankheiten geschlagene Hunde unterschiedlicher Rassen, denn zwei kranke Rassendhunde ergeben keinen gesunden Mischling. Mischlinge werden mittlerweile häufig als Ausdruck von Individualität angeschafft (»Kein Hund ist so wie meiner!«) und sind so beliebt wie nie zuvor. Das liegt nicht zuletzt an den »Spanienhunden« sowie unzähligen weiteren »geretteten« Hunden aus süd- und südosteuropäischen Ländern, die nach Deutschland vermittelt wurden. In der Regel handelt es sich um Mischlinge, die vorher auf der Straße gelebt haben und sich deshalb nur schwer an das geordnete Leben ihres Besitzers gewöhnen können. Kein Wunder also, dass die häufigsten Problemhunde in Größe M in meinem Training **ehemalige Straßenhunde** mit starkem Angst- und/oder Aggressionsverhalten und/oder starkem Leinenziehdrang sind.

Größe L

Der **Rhodesian Ridgeback** war bei uns vor etwas mehr als 15 Jahren so gut wie unbekannt: Heute sieht man die großen, kräftigen Hunde in jeder Stadt, nicht selten kombiniert mit Frauchens farblich passenden rehbraunen Gummistiefeln. Hartnäckig hält sich die Legende, die aus Südafrika stammende Rasse habe dort früher mit Löwen gekämpft. Tatsächlich waren die Ridgebacks »nur« als treibende Helfer bei der Löwenjagd im Einsatz.

Das Löwenjäger-Image und die imposant-muskulöse Erscheinung ändern nichts daran, dass es sich um eine gutmütige und eher zurückhaltende Rasse handelt. Allerdings wird der dunkelbraune Haarkamm (»Ridge«), der gegen die Haarwuchsrichtung vom Rückgrat bis zum Nacken verläuft, von anderen Hunden ein ums andere Mal als aufgestellte »Bürste« (Nacken- und Rückenhaare) und damit als ein Zeichen von Aggression und Anspannung gedeutet. Die vermeintliche »Dauer-Bürste« kann schon im

Wie finde ich den richtigen Hund?

Welpen- und Junghundalter zu Problemen führen, weil sie von Artgenossen fälschlicherweise als permanent ausgestreckter Stinkefinger interpretiert wird. Wenn sich ein Ridgeback-Welpe einem anderen Hund spielerisch nähert, bringt er durch seinen auffälligen Haarkamm ein missverständliches Körpersignal mit ein und wird dafür womöglich sanktioniert. Und wer immer wieder ohne Grund Schläge kassiert, passt sein Verhalten dementsprechend an und wird entweder vorsichtig oder legt sich, im schlechtesten Fall, einen Schutzschild mit der Aufschrift »Angriff ist die beste Verteidigung« zu. Sicherlich liegt es auch an solchen Erfahrungen, dass im Zuge des Booms der eine oder andere Ridgeback als Problemhund auffällt. Ich habe mehrere Male dominante Ridgeback-Rüden trainiert, die zu aggressivem Verhalten gegenüber anderen Hunden neigten.

Viel häufiger als der Ridgeback, der durchaus als Familienhund geeignet ist, sind mir in der Kategorie »Modehund Größe L« in den vergangenen Jahren folgende Rassen häufig als Problemhunde aufgefallen: **Weimaraner** (silbergrauer Vorstehhund[5]), **Hovawart** (eine deutsche Rasse, hova = der Hof, wart = der Wächter, also der Hofwächter), **Vizla** (ein ungarischer Vorstehhund), **Malinois** (Belgischer Schäferhund) und **Australian Shepherd** (anders als der Name vermuten lässt eine amerikanische Hütehund-Rasse). Alle genannten Rassen haben eines gemeinsam – sie sehen toll aus, sind früher in erster Linie für die Jagd bzw. als Hütehunde gezüchtet worden und bringen dementsprechende Grundeigenschaften mit: sehr aktiv, anspruchsvoll, bewegungsfreudig, beutefixiert, wachsam. Noch vor zehn Jahren war es fast unmöglich, den Arbeitshund Weimaraner in einen Familienhaushalt zu übernehmen. Die wenigen Züchter gaben ihre Weimaraner wohl wissend nur in Jägerhände ab. Heute hat die große Nachfrage längst dazu geführt, dass Weimaraner ebenso wie die anderen bereits genannten Jagdhundrassen unkontrolliert und für »alle« nachgezüchtet werden. In meiner Hundeschule erlebe ich immer wieder, dass Halter ihre Weimaraner und Co. ins Training bringen, um ihnen »den Jagdtrieb abzugewöhnen«. Doch das ist ein Ding der Unmöglichkeit, denn »Jagdtrieb abgewöhnen« funktioniert nicht. Wenn diese rassespezifischen Eigenschaften nicht artgerecht »genutzt« werden, geht der Hund – je

---

5   Ein »Vorstehhund« zeigt dem Jäger, dass er Wild gefunden hat.

nachdem, wie stark der Trieb ausfällt – eben allein jagen. Insofern kann man nur versuchen, den Jagdtrieb in andere Bahnen zu lenken – allerdings im richtigen Maß. Viele Halter versuchen zum Beispiel die erwähnten Rassen mit Ball- oder Frisbee-Spielen auszulasten. Dagegen ist grundsätzlich nichts einzuwenden – doch Vorsicht: Man kann einen Jagdhund mit starken Beutetrieb auch so »anschubsen«, dass er zum Ball- oder Frisbee-Junkie wird. Das wiederum kann auf der Hundewiese zu Beißereien mit Beute-Konkurrenten führen, die sich natürlich ebenfalls für den Ball oder Frisbee interessieren. Kurzum: Für teure Rasse-Jagdhunde muss man nicht nur das passende Budget, sondern vor allem auch die nötige Zeit, den passenden Lebenswandel und das richtige »Händchen« haben. Generell empfehle ich große Jagdhunde wie Weimaraner, Vizla und Co. daher nur erfahrenen Hundefreunden.

Das Straßenhund-Phänomen

Vor 30 Jahren machten es eher Hippies und Alternative – heute machen es viele deutsche Urlauber: einen Ex-Straßenhund mit nach Hause nehmen. Oder sie besuchen die Webseiten von Straßenhund-Vermittlern – die Auswahl an süßen Fotos ist riesig –, »bestellen« ihren Wunschhund und lassen ihn einfliegen. Weil Spanien das Lieblingsurlaubsland der Deutschen ist, werden solche Tiere gerne »Spanienhunde« genannt, auch wenn natürlich nicht alle aus Spanien kommen – sondern ebenso aus Griechenland, der Türkei, Portugal und diversen ost- und südosteuropäischen Ländern. Doch ein solcher Hund kann ganz viele Probleme mit sich bringen, wie das Beispiel von Familie Altmann zeigt: Während des zweiwöchigen Sommerurlaubs verlieren Eltern und Kinder ihr Herz an einen kleinen Mischlingsrüden, der sie Tag für Tag am Strand besucht. Familie Altmann kauft extra Hundefutter, und fortan will der Kleine gar nicht mehr von ihrer Seite weichen. Schon bald steht die herzzerreißende Frage im Raum: Würde der Hund überhaupt noch ohne sie zurechtkommen? Der Betroffene selbst kann sich dazu schlecht äußern, aber weil er so treu guckt und das Essen so zuverlässig annimmt, beantwortet Familie Altmann die Frage kurz vor Urlaubsende mit »Nein!«, trifft die Entschei-

Wie finde ich den richtigen Hund?

dung »Wir retten dich!« und verpasst dem herrenlosen Strandläufer auch gleich den passenden Namen: Stromer.

Zu Hause in einer kleinen Ruhrgebietsstadt entpuppt sich der ehemalige Südländer schnell als Problemhund. In seinem ganzen Leben (er ist zwei bis drei Jahre alt) hat er bisher weder Halsband noch Leine getragen und zieht nun wie verrückt, um die ungewohnte Einschränkung loszuwerden bzw. um wie gewohnt überall hinzulaufen, wo es spannend – sprich nach Futter oder Artgenossen – riecht. Kein weggeworfenes Schulbrötchen, keine Pommes, nichts Essbares, was auf dem Boden liegt, ist vor Stromer sicher. Zu Hause kann man ihn nicht allein lassen, denn dann zerlegt er die Einrichtung – schließlich kennt er bisher nur die grenzenlose Freiheit von zwölf Kilometern Strandabschnitt und ist überhaupt nicht gewohnt, mehrere Stunden auf 70 Quadratmetern zu verbringen. »Dankbar für die Rettung« ist er auch nicht ... Straßenhunde können genauso wenig dankbar sein wie jeder andere Hund. Das ist ein menschliches Privileg.

Geht es dem »undankbaren« Stromer besser als vorher? Den Altmanns kommen erste Zweifel, denn natürlich leiden sie unter den Anpassungsschwierigkeiten ihres Lieblings. Leider resultiert daraus ein erneuter Fehlschluss: »Stromer hat sicher Sehnsucht nach Spanien.« Deshalb denkt die Familie darüber nach, beim nächsten Urlaub »einen zweiten Hund zu »retten, damit Stromer nicht so allein ist«. Was auch heißen könnte: damit Stromer einen Partner hat, der ihm hilft, die Wohnung zu zerlegen.

An die (durchaus sympathische) Naivität, mit der Straßenhund-Retter wie Familie Altmann streunende Tiere von einem Tag auf den anderen aus ihrem Rudel heraus in einen komplett unterschiedlichen Alltag verfrachten, habe ich mich mittlerweile gewöhnt. Das gehört zu meinem Job, denn wenn ich die Hunde treffe, ist es sowieso schon zu spät für Warnungen. Dann geht es ausschließlich darum, Probleme in den Griff zu bekommen und das Leben für Hund und Halter wieder so angenehm wie möglich zu gestalten.

Natürlich gehen nicht alle Straßenhund-Importe so aus wie bei Familie Altmann. Dennoch sind ehemalige Straßenhunde in meinem Problemhund-Training überdurchschnittlich hoch vertreten – Tendenz steigend. Natürlich meinen es die »Retter« gut mit dem, was sie tun, doch gleichzeitig handeln sie, ohne sich darüber bewusst zu sein, auch egoistisch: Wer einem Straßenhund ein »neues Leben« bietet, holt sich ein kleines Stück des Traums von Freiheit und Abenteuer ins Haus. Zugleich kann er sich dabei in dem guten Gewissen wiegen und gilt den Mitmenschen gegenüber als Tierschützer, der aktiv geholfen hat – das streichelt das eigene Ego. Doch der »Gerettete« revanchiert sich oft – wie »undankbar« – mit Straßenhund-Eigenschaften, die das genaue Gegenteil von unseren Vorstellungen von einem Haushund sind: Ex-Straßenhunde können schlecht alleine bleiben. Sie sind eher menschenscheu, weil sie auf der Straße gelernt haben, vor Menschen zu flüchten. Sie haben Schwierigkeiten, an der Leine zu gehen. Sie haben einen starken Jagdtrieb, der früher immer ausgelebt werde konnte. Und als ehemalige Selbstversorger neigen sie dazu, wie ein Staubsauger Essbares vom Boden aufzusaugen. Ausnahmen bestätigen die Regel.

Zu all diesen Erziehungsproblemen kommen noch Infektionskrankheiten wie Leishmaniose und Ehrlichiose hinzu, die unter den Hunden im Mittelmeerraum häufig auftreten. Viele Straßenhunde sind schon bei der Einreise nach Deutschland infiziert, die Diagnose wird aber oft sehr viel später gestellt. Seriöse Vermittler lassen vorab einen Bluttest machen, der die üblichen Krankheiten ausschließt, bzw. weisen ganz offen darauf hin, wenn ein Hund gesundheitliche Probleme hat. Immerhin haben Ex-Straßenhunde in ihrem neuen Umfeld selten Probleme mit Artgenossen. Kein Wunder: Wer 24 Stunden draußen unterwegs ist und permanent andere Hunde trifft, hat artgerecht und ohne ordnende Hand des Menschen Erfahrungen gesammelt und gelernt, sich mit anderen Hunden zu arrangieren oder sich gegebenenfalls zu unterwerfen. So eine soziale Kompetenz lernt ein Haushund, der oft vier Stunden oder länger allein in der Bude hockt und viel seltener auf Artgenossen trifft, natürlich wesentlich eingeschränkter und langsamer.

Mittlerweile muss man für einen Spanienhund zwischen 200 und 300 Euro »Schutzgebühr« zahlen. Vor rund 15 Jahren waren es noch zwischen 50 und 80 D-Mark. Warum ist der Preis so sehr in die Höhe geschnellt? Vielleicht, damit nach Abzug der Kosten für Kastration, Entwurmung und Transport auch noch ein gewisser Verdienst bei den Vermittlern hängen bleibt? Zudem klingt »Schutzgebühr« irgendwie unkommer-

Wie finde ich den richtigen Hund?

ziell und wohltätig. Man zahlt für etwas – und gleichzeitig »schützt« man es. Wenn es hieße, »Für 300 Euro können Sie einen Straßenhund kaufen, inklusive Entwurmung, Kastration und Anlieferung«, wäre die psychologische Wirkung eine ganz andere. Ganz abgesehen davon hört man auch immer wieder von Hunden, die angeblich gechipt, entwurmt und frei von Mittelmeerkrankheiten vermittelt wurden – und schon nach drei Tagen in der Tierklinik landen. Fazit: Nicht alle Vermittler von Straßenhunden arbeiten seriös. Und weil Welpen leichter zu vermitteln sind, liegt der Verdacht nahe, dass einige sogar eigens Nachwuchs für die Tierfreunde in Deutschland produzieren.

Damit will ich die Straßenhundevermittler jetzt nicht unter Generalverdacht stellen. Ich habe großen Respekt vor Menschen, die sich in Süd- und Osteuropa für den Tierschutz und im besonderen Maße für Straßenhunde einsetzen. Es geht mir vielmehr darum, die Hundefreunde in Deutschland dazu zu bewegen zu hinterfragen und nach- bzw. umzudenken: Ist der Import von Straßenhunden aus anderen Ländern wirklich die richtige Hilfe? Oder wäre es viel sinnvoller, Tierschützer bzw. ihre Organisationen gezielt vor Ort zu unterstützen?

Aus meiner Sicht sind in Ländern mit einem hohen Aufkommen an Straßenhunden breit angelegte und professionell durchgeführte Kastrations- und Sterilisationsprogramme die einzig nachhaltige Hilfe. Nur so verhindert man, dass immer neue Straßenhunde nachkommen. Für die »Schutzgebühr«, die für den Import eines Straßenhundes nach Deutschland fällig wird, könnten vor Ort bis zu zehn Hunde kastriert werden. Wer das weiß, sollte beim Wunsch nach einem vierbeinigen Mitbewohner lieber eines der überfüllten Tierheime in seiner Umgebung aufsuchen und die Differenz zu den Kosten (ein Hund aus einem deutschen Tierheim »kostet« zwischen 80 und 120 Euro), die ein Hundeimport aus dem Ausland mit sich brächte, einer lokalen Organisation in Süd- oder Osteuropa spenden. Bitte tun Sie das nur, wenn Sie sich vorher über die Organisation informiert haben und sicher sind, dass das Geld auch wirklich vor Ort ankommt und sinnvoll verwendet wird. In Rumänien habe ich auch schon selbst ein Hilfsprojekt für Straßenhunde mitinitiiert und betreut, deshalb weiß ich, wie schwierig es ist, zielgerichtet Hilfe zu organisieren.

Nachdem ein Freund von mir im Urlaub auf das tragische Leben der Straßenhunde im Badeort Constanta aufmerksam wurde, fuhren wir 2002 zum ersten Mal dorthin. Schon auf der über 800 Kilometer langen Landstraße durch Transsylvanien waren wir schockiert: Mehr als 80 überfahrene Hunde lagen am Straßenrand, in der Luft schwebte ein beißender Verwesungsgeruch. Viele der noch lebenden Hunde, die wir fanden, waren verstümmelt – fehlende Vorderpfoten, halb abgerissene Ohren, ein fehlendes Auge. Fast schon herausfordernd huschte ein kleiner Mischlingswelpe über die Landstraße. Die Lkws, die tosend an ihm vorbeibrausten, interessierten ihn nicht, weil er auf etwas Essbares unter den Abfällen der Fernfahrer in der gegenüberliegenden Raststätte hoffte. Der Hund war auf sich selbst gestellt, da seine Mutter kurz nach seiner Geburt von einem Fahrzeug überrollt worden war. Nachts suchte er Schutz unter parkenden Autos, tagsüber suchte er Nahrung.

Etwas besser hatten es da die Hunde an unserem Zielort, dem Tierheim von Constanta an der malerischen rumänischen Küste. Doch auch inmitten des beliebten Urlaubsortes waren die Zustände alles andere als optimal. Bis zu 15, darunter auch kranke Tiere drängten sich in einem engen Zwinger. In deutschen Tierheimen dürften lediglich zwei Tiere in einer solchen Behausung leben. Die Hygiene war mangelhaft, es roch nach Kot und Urin. Obwohl die engagierten Helfer mit Feuereifer bei der Sache waren, konnten sie sich nicht ausreichend um die Tiere kümmern. Denn es fehlten nicht nur medizinische Ausrüstung, Tiernahrung und Räumlichkeiten, sondern auch Personal. Das Heim war auf die Abfälle einer nahe gelegenen Molkerei angewiesen; die verdorbene Sahne, Buttermilch oder der Pudding waren jedoch oftmals Auslöser von Magen-Darm-Erkrankungen. Das Operationsbesteck, mit dem zwei Tierärzte pro Tag bis zu 40 Hunde sterilisierten, war kaum noch brauchbar. Im Winter machten die Mediziner Feuer in Fässern, damit es überhaupt warm genug war, um die vierbeinigen Patienten operieren zu können, denn die Heizung im Tierheim funktionierte schon lange nicht mehr. Trotz der desolaten Zustände gab es Erfolge: Rund 80 Prozent der Tiere, die im Tierheim von Constanta behandelt wurden, überlebten. Bei den restlichen 20 Prozent blieb jedoch leider nur das Einschläfern als letzter Ausweg. Sie waren so krank, dass sie auf sich allein gestellt kläglich gestorben wären.

Wie finde ich den richtigen Hund?

Die Hunde im Tierheim von Constanta

Beim ersten Besuch in Rumänien knüpften wir Kontakte zum Tierheim, zur Tierschutzbeauftragten, zum neuen Bürgermeister von Constanta und zu den ansässigen Tierärzten. Zurück in Düsseldorf gründeten wir das Hilfsprojekt »Die Hunde von Constanta«. Die Unterstützung durch Medien und Tierfreunde übertraf alle Erwartungen. Wir organisierten zwei Kleinlaster, die wir dem Tierheim für den Transport kranker Tiere schenken wollten. Die Ladeflächen bestückten wir mit Sachspenden: Medikamente, Operationstische und -bestecke (auch ausrangierte aus der Humanmedizin), medizinische Geräte, Verbände, Nähmaterial, Lampen und vieles mehr. Die finanziellen Zuwendungen sollten ausschließlich für Narkosemittel vor Ort zur Verfügung stehen. Damit nichts in falschen Kanälen versickert, wollten wir die Übergabe der Spenden vor Ort beaufsichtigen.

Bei unserem zweiten Rumänien-Trip machten wir uns mit 600 Kilogramm Hilfsgütern auf den Weg nach Constanta. Als Dankeschön empfingen uns die Rumänen mit einer Herzlichkeit, die nicht zu überbieten ist. Mehrere Fernsehsender und Zeitungsjournalisten machten Interviews mit den Tierschützern aus dem Westen. Die Stadt sprach über das Problem. Auch der Bürgermeister von Constanta begab sich ins Tierheim, um sich ein Bild von der Situation zu machen. Nach vier Jahren Amtszeit war es sein erster Besuch in der Einrichtung.

In den folgenden Jahren entwickelte sich ein reger Austausch zwischen Constanta und Düsseldorf. Die rumänischen Tierschützer besuchten uns, um sich Tipps und Anregungen zu holen. Und wir schickten einige weitere Hilfslieferungen. Die Lage verbesserte sich, das vormals trostlose Antlitz des Tierheims in Constanta bekam freundliche Züge: Überdachungen, Bäume, ein neuer Anstrich, größere Gehege, neue Hundehütten, neue OP-Räume. So erhöhte sich die Aufnahmekapazität deutlich, sicheres und sauberes Arbeiten war gewährleistet. Außerdem hat das Tierheim einen kleinen Raum direkt im Zentrum von Constanta angemietet, der als Meldestelle für Bürger, die frei laufende Hunde entdeckt haben, dient. Dort können auch Impfungen vorgenommen werden.

Die Versorgung mit medizinischen Mitteln aus Deutschland verringerte die Gefahr von Infektionen bei der Behandlung offener Wunden, Operationen etc. Damit die Helfer auch in Notsituationen immer schnell zur Stelle sein können, ist Mobilität sehr wichtig. Dank der Spenden konnte das Tierheim mit einem zweiten Fahrzeug ausgestattet werden. Auch der Bürgermeister der Stadt hatte nun ein offenes Ohr für die Belange des Tierheims. Es entwickelte sich eine Eigendynamik. Viele Menschen vor Ort versuchten, dem Tierheim unter die Arme zu greifen. So stellte eine Firma Hähnchenabfälle zur Verfügung, die zur Qualitätsverbesserung unter das übliche Hundefutter gemischt wurden.

Ende gut, alles gut? Nein, denn leider hat sich die Lage in Constanta nach den sehr positiven Entwicklungen in den vergangenen Jahren wieder zurückentwickelt. Die politische Führung wechselte, und die neuen Entscheider haben wenig Interesse daran gezeigt, das Tierheim weiterhin zu unterstützen und mit den Helfern aus dem Ausland zu kooperieren. Damit ist die Basis für eine effektive Zusammenarbeit verschwunden, und wir haben uns schweren Herzens gezwungen gesehen, das Hilfsprojekt einzustellen.

Die Hunde von Constanta haben viele Leidensgenossen. Es gibt Dutzende ähnlicher Hilfsprojekte in anderen Ländern, die Probleme mit Straßenhunden haben. Ich erzähle Ihnen von meinen persönlichen Erfahrun-

Wie finde ich den richtigen Hund?

gen, um aufzuzeigen, wie effektive Hilfe vor Ort aussehen kann – und wie schwierig es ist, die Lage dauerhaft zu verbessern. Wenn man einen Straßenhund »rettet« und nach Deutschland bringt, ist das nichts weiter als ein Tropfen auf den heißen Stein. Um das Problem an der Wurzel zu packen, müssen Sach- und Geldspenden her, die umfassende Kastrationsprogramme ermöglichen. Hilfe von außen kann dabei sehr wichtig sein und entscheidende Anstöße geben, aber natürlich muss auch die Politik vor Ort das Problem erkennen – vielleicht angestoßen durch ein wenig Druck seitens der EU. Einheitliche und verbindlich einzuhaltende Standards für den Tierschutz könnten Europa sicher nicht schaden.

Kapitel 8
Leckerchen können auch erlaubt sein

Es gibt zwei Ausnahmen, in denen es aus meiner Sicht Sinn macht, den Futtertrieb des Hundes auszunutzen, nämlich bei Werbe- und Filmaufnahmen am Set und beim Üben von kleinen Kunststückchen zu Hause. Dafür gibt es gute Gründe: Am Set geht es für den Hund um nichts, es sind in der Regel keine Artgenossen vor Ort, und wenn, dann nur solche, mit denen er sich verträgt. Außerdem muss auch ein Schauspieler, der keine Hundeerfahrung hat, den Hund sofort führen können. Und da der Schauspieler mit dem Hund nicht leben muss, hat die Bestechung mit Leckerchen demzufolge keinen negativen Einfluss auf eine stabile Hund-Halter-Beziehung. Genauso verhält es sich, wenn ein Halter zu Hause mit seinem Hund kleine Kunststücke übt – diese besondere »Leistung« darf er durchaus mit einem kleinen Snack belohnen. Denn anders als bei »Komm!«, »Sitz!« und den anderen Hörzeichen (auf keinen Fall mit Leckerchen belohnen!) geht es bei diesen »Positivdressuren« nicht um Unterordnung, sondern um Aktionen, die dem Tier etwas Nicht-Alltägliches abfordern. Wie schon im Kapitel »Die Leckerchen-Lüge« erklärt: Wenn ein Hund sich unterordnen soll, ist die gleichzeitige Gabe eines Leckerchens (= das Überlassen von »Beute«) kontraproduktiv. Andererseits werden Hunde, die sich gerade unterordnen bzw. unterwerfen, niemals durch einen Ring springen oder ein anderes Kunststück vorführen. Kunststücke macht ein Hund nur, wenn wir ihn begeistern können. Leckerchen sind in solchen Fällen als notwendiger Motivationskick erlaubt. Lediglich die gewünschte Aktion wird durch Gabe eines Leckerchens plus lobende Stimmlage positiv bestärkt.

Im Folgenden möchte ich Ihnen einige Anekdoten aus der Welt des Filmtiertrainings erzählen. So können Sie für Ihren Alltag mit Bello Normalhund hoffentlich einiges mitnehmen und vielleicht den einen oder anderen beschriebenen Trick ausprobieren – vorausgesetzt, Sie verzichten in der Basiserziehung auf Leckerchen und üben die Tricks ohne Ablenkung und Störung durch »Beute«-Konkurrenten.

Der Rudelführer und sein Rudel

Immer wenn ich an den Düsseldorfer Rheinwiesen die Hecktür meines Chevrolet-Kombis öffne, haben auch die vorbeischlendernden Spaziergänger bereits eine gedankliche Schublade geöffnet. Sie erwarten, dass im nächsten Moment ein großer Hund auftaucht. Vielleicht ein Dobermann. Oder ein Riesenschnauzer. Jedenfalls irgendein kerniges Exemplar einer größeren Rasse. Eine kleinere Kategorie passt doch nicht zu einem Typ mit Dreitagebart, grüner Bomberjacke, Boots und Baseball-Cap mit dem Aufdruck »Hundetrainer«. Aber siehe da: Überraschung! Drei nicht gerade große und ziemliche süße Cairn-Terrier-Mischlinge springen nacheinander aus dem Wagen. Höhe: etwa 30 Zentimeter. Gewicht: knapp acht Kilo. Dichtes, buschiges graues Fell, kleine, spitze Ohren. Typisch schelmisches Terrier-»Grinsen« im Gesicht. Gestatten: Alice, Gysmo und Houkey – mein Rudel.

Genauer gesagt bilden wir nicht nur ein Rudel, wir sind auch Arbeitskollegen. Ein Familienbetrieb, in dem alle zusammenhalten und sich jeder auf den anderen verlassen kann – wie in einem italienischen Eiscafé oder einer griechischen Gyros-Bude. Alice, die Mutter von Gysmo und Houky, ist die älteste und erfahrenste; sie hat meine Karriere als Filmtiertrainer von Anfang an begleitet und ihr Können bei allen großen TV-Sendern unter Beweis gestellt. Ursprünglich war sie die Hündin meiner damaligen Freundin. Die wollte Anfang der 1990er-Jahre einen etwas kleineren, niedlichen Hund – da war eine Cairn-Terrier-Shitsu-Mischung wie Alice genau die richtige. Als der Arbeitgeber meiner Freundin ein Hundeverbot einführte, begann ich, mich tagsüber um Alice zu kümmern und ihr viel beizubringen – so wie jedem Hund, der länger in meiner Nähe ist: Kommandos, Kunststückchen, das volle Programm. Ich kann es nicht lassen, irgendwie liegt es mir wohl im Blut. Und so wurde aus Alice allmählich »mein« Hund. Konsequenterweise ist sie dann nach Ende der Beziehung bei mir geblieben.

Mein Rudel: Houkey, Gysmo und Alice

Bei meiner Arbeit gilt eine einfache Regel: Ein Filmtiertrainer arbeitet am besten und effektivsten mit den Tieren, die er gut kennt. Wenn also ein Hund aus meinem Freundes-, Familien- und Bekanntenkreis ins Anforderungsprofil einer Filmproduktion passt, buche ich ihn bevorzugt. Oft arbeite ich auch mit Hunden aus dem engeren Kundenkreis meiner Hundeschule, die häufig bei mir trainiert haben. Doch am allerliebsten drehe ich mit meinen eigenen Hunden. Kollegen-Ethos.

Sie kennen das: In Fernsehproduktionen sowie in Print- und TV-Werbung tauchen immer wieder tierische Darsteller auf, meistens Hunde, gelegentlich Katzen, selten vierbeinige »Exoten« wie Meerschweinchen, Hausschweine oder Leguane. Einmal habe ich sechs braun-weiße Kühe und ein filmerfahrenes Pferd für den Dreh des Films *Operation Walküre* mit Tom Cruise bereitgestellt, ein anderes Mal sogar Maden für eine (unechte!) Hundeleiche in einem Spielfilm.

Anders als ihre zweibeinigen Kollegen brauchen die tierischen Akteure für ihre mehr oder weniger großen Auftritte kein Drehbuch, sondern die Hilfe eines speziellen »Betreuers« – so jemanden wie mich. Ich arbeite vor allem mit Hunden. Dabei sehe ich es nicht nur als meine Aufgabe, die Hunde für die Anforderungen beim Dreh zu trainieren. Ich muss auch auf dem Weg zum Set und vor Ort dafür sorgen, dass die Situation für die Tiere ganz normal und keine Belastung ist.

Wir Menschen tun vieles mit einem bewussten Ziel, zum Beispiel um Spaß zu haben. Hunde hingegen reagieren nur auf äußere Reize, auf Menschen, auf andere Hunde, auf andere Tiere. Auch wenn Hunde untereinander oder mit einem Gegenstand »spielen«, sind das eher Folgereaktionen auf einen Anfangsreiz. Für einen Hund macht es keinen Unterschied, ob am Set vom *Tatort* 25 Leichen herumliegen oder ob er gegen »Rennschwein Rudi Rüssel« den zweiten Platz belegt. Genauso gut könnte ich ihn bei einem ausgiebigen Spaziergang über einen umgefallenen Baumstamm springen oder ein Stöckchen apportieren lassen.

Deshalb kann ich die Frage, ob ein Hund »Spaß« daran hat, in einem Film mitzuspielen, nicht einfach mit »Ja« beantworten. Denn der Hund denkt nicht: »Ob wir morgen mal wieder was richtig Geiles drehen?« Und er wird bestimmt nicht williger agieren, wenn die Regie ihn mit den Worten »Ach, bist du süß!« motiviert. Entsprechend unaufgeregt und sachlich komme ich mit meinen Filmhunden zum Drehort und gehe genauso wieder nach getaner Arbeit mit ihnen weg. Behutsam führe ich sie ans Set heran, sodass sie die neuen Eindrücke (zum Beispiel das Blitzlicht des Fotografen) verarbeiten können und sich nicht erschrecken.

All das funktioniert allerdings nur optimal mit dem für die jeweiligen Foto- oder Filmaufnahmen passenden Hund: Ein unterwürfiger Rassehund, der ganz toll aussieht und auf einer Hundeausstellung Preise einheimst, wird sich am Set womöglich verweigern – weil es ihm zu dunkel ist, weil ihm die Gespräche zwischen den Schauspielern zu laut sind oder weil ein anderer Filmhund vor Ort ist. Ein solcher Hund ist also kein stressresistenter Kandidat für die Rolle als Hilfskommissar in einer Krimiserie. Denn der darf sich von nichts und niemandem ablenken lassen und muss nicht nur aufs Wort, sondern auch auf Handzeichen gehorchen.

Beherrscht ein Hund hingegen die Grundkommandos wie »Sitz!«, »Platz!«, »Bleib!«, »Komm!«, »Nein!« und »Aus!« und hat eine passable Optik, kann er womöglich bei der einen oder anderen Fotoproduktion mitwirken. Schließlich geht es nicht immer um Kunststückchen, sondern oft einzig und allein darum, ein paar Sekunden lang eine bestimmte Po-

Am Filmset

sition zu halten und dabei eine gute Figur zu machen. Schließlich ist auch nicht jedes Topmodel automatisch eine künstlerische Bereicherung für den Film.

Damit ich bei allen Anfragen den passenden Hund vermitteln kann, veranstalte ich regelmäßig Hunde-Castings. Anschließend kommen die potenziellen »Schauspieler« und »Models« in meine Kartei, mit Foto und Beschreibung ihrer besonderen Merkmale und Fähigkeiten. Mittlerweile kann ich auf einen Pool von mehr als 5000 Hunden zurückgreifen. Wobei die Mode wie schon erwähnt oft wechselt: Mal liegen Dalmatiner im Trend, mal Labradore, mal Parson-Russell-Terrier. In letzter Zeit werden verstärkt Möpse nachgefragt. Prompt habe ich mehrere Mops-Castings organisiert – mit riesigem Andrang. In Zeiten von *DSDS*, *Popstars* und *Germany's Next Topmodel* zieht es nämlich nicht nur Hinz und Kunz auf die Fernsehbühne, auch der dazugehörige Hund soll bitte schön TV- oder Modelkarriere machen. Oft bekomme ich Anrufe von Haltern, die ihren Hund in den höchsten Tönen als »Supertalent« anpreisen. Wenn ich beide daraufhin einlade, funktionieren die angekündigten Kunststückchen allerdings äußerst selten. Die Leute reden sich dann gerne mit dem Vorführeffekt heraus; ich weiß schon gar nicht mehr, wie oft ich in den vergangenen Jahren den Satz »Komisch, zu Hause schafft er das immer« gehört habe.

Ich bin bekannt dafür, dass ich Klartext rede und keine falschen Hoffnungen mache. Die meisten Halter bekommen daher eine nette, aber unmissverständliche Absage. Nur einmal habe ich eine Ausnahme gemacht und mit einer Hundedame gearbeitet, die sich einzig und allein aufgrund ihres Promi-Status von jedem x-beliebigen Durchschnittshund unterschied: Daisy Moshammer, die Yorkshire-Hündin des kurz zuvor verstorbenen Münchner Modeschöpfers und Paradiesvogels. Ihr Einsatz war aber vor allem deshalb gefragt, weil sie als Gast-Star in einer Folge der RTL-Soap »Unter uns« niemand Geringeren als sich selbst spielen sollte. Daisy hat das nach einigen Anlaufschwierigkeiten ziemlich gut hinbekommen.

Filmstar Daisy

Manchmal halte ich mich mit meinen Filmhunden bis zu sechs Stunden am Set auf. Das hört sich nach viel und anstrengend für die Hunde an, ist es aber nicht: Denn natürlich wird nicht die kompletten sechs Stunden lang mit Hund gedreht, die meiste Zeit verbringen meine Schützlinge und ich mit Warten, bis wir dann vielleicht insgesamt anderthalb Stunden an der Reihe sind. Ist der Hund in seiner Szene nicht aktiv, beschäftige ich mich solange mit ihm, um ihn körperlich und geistig auszulasten. Spielt er in seiner Filmszene ohnehin eine aktive Rolle, gebe ich ihm Zeit, zur Ruhe zu kommen.

Da ich auch für die Sicherheit und Gesundheit meiner Filmhunde verantwortlich bin, checke ich vorab, ob an irgendeiner Stelle Gefahr besteht. Ein Hund könnte sich zum Beispiel verletzen, weil er nach einem Sprung auf einem zu glatten Untergrund landet. Manchmal merke ich schon beim Lesen des Drehbuchs, dass der Regisseur unrealistische Vorstellungen hat, und weise ihn darauf hin, was machbar ist und was nicht. Wichtig ist auch, die Abfolge der Aufgaben am Set hundegerecht zu planen. Ein Hund, der in der ersten Szene noch über einen Zaun springen oder jemanden verfolgen soll, kann nicht in der anschließenden zweiten Szene ruhig und entspannt auf dem Sofa liegen. Denn dann würde er wahrscheinlich hecheln, ständig aufstehen und den Wassernapf suchen.

Leckerchen als Motivationskick für Nichtalltägliches

Ich erinnere mich noch genau an Alices TV-Debüt ... Köln, Mitte der 1990er-Jahre. Die ersten Folgen der RTL-Krimiserie »Die Wache« werden produziert. Für Alice steht eine eher kleine Nummer auf dem Programm: Laut Drehbuch liegt ein Obdachloser nachts im Hinterhof eines Hauses auf einer Matratze und schläft. Drei Hunde biegen um die Ecke, laufen auf ihn zu und wecken ihn auf. Daraufhin klaubt der Obdachlose überstürzt seine Sachen zusammen und verschwindet. Nun kann ich den Hunden schlecht das Kommando »Geht da mal rüber und weckt den Menschen auf!« geben. Was mache ich also? Ich verstecke einfach rund um die Schlafstätte des »Obdachlosen« und in seiner Kleidung Leckerchen, um Alice und die beiden anderen Hunde, die ich mit an den Drehort gebracht habe, anschließend auf Kommando dorthin zu schicken und sie suchen zu lassen. Das klappt wie erwartet ohne Komplikationen; schon nach zwei Anläufen ist die Szene im Kasten.

Alice hat ihre Sache gut gemacht!

Reizthema Leckerchen: Mittlerweile dürfte klar sein, dass ich als *Hunde*trainer strikt dagegen bin, Leckerchen als Allheilmittel für die Grundkommandos der täglichen Erziehung zu benutzen. Als *Filmtier*trainer nutze ich sie sehr gerne – aber nicht immer: Gäbe ich beispielsweise einem Hund vor laufender Kamera das Kommando, den Raum zu verlassen, so erhielte er dafür sicherlich kein Leckerchen, denn »Raus!« bedeutet ganz klar, dass der Hund sich unterordnen muss. Das fällt unter die Kategorie »selbstverständliche Alltagskommandos«.

Wenn es also wie bei der beschriebenen Szene darum geht, unter freiem Himmel auf einen Menschen zuzustürmen, der auf einer Matratze liegt, und ihn abzuschnüffeln und anzustupsen, gehört das sicher nicht zum Hundealltag. Das hat nichts mit Unterordnung zu tun und wird entsprechend honoriert. Die einzige Schwierigkeit besteht in diesem Fall darin, dass drei Hunde gleichzeitig beteiligt sind. Doch Alice kennt ihre beiden Hundekollegen bereits, die drei verstehen sich, es gibt kein Konkurrenzgehabe, und so ist die Aufgabe bei diesem Dreh vergleichsweise leicht: nur ein Schauspieler, sehr kurze Szene, kaum Ablenkung für die Hunde.

Tricks auf Sichtzeichen

Vor jedem Dreh erhalte ich die Dispo, eine Art Ablauf- und Organisationsplan, in dem alle möglichen Informationen zum Dreh festgehalten werden: Jeder – vom Maskenbildner über den Beleuchter bis zu den Schauspielern – erfährt genau, was er wann und wie zu tun hat. Auch der Filmtiertrainer. Die Dispo enthält zudem eine kurze Inhaltsbeschreibung der jeweiligen Szenen und ihre ungefähre Länge. Ich weiß also immer ziemlich genau, was auf mich und das Tier zukommt. Dennoch bin ich manchmal gefordert zu improvisieren, wenn irgendetwas im Ablauf nicht funktioniert wie geplant.

So geschehen beim Dreh des Fernsehkrimis *Herzrasen* für die ARD. Der ursprüngliche Plan: Zwei Schauspielerinnen sitzen in einer Cafeteria am Tisch und sind in ein Gespräch vertieft. Ein Komparse betritt mit einem großen Hund an der Leine den Raum, als Reaktion darauf fängt ein kleiner Hund unter dem Nachbartisch laut an zu bellen. Daraufhin erschrickt eine der Schauspielerinnen und lässt die Tasse, die sie gerade zum Mund führen wollte, fallen. Natürlich bekleckert sie sich. Schnitt.

Keine Frage – für die Rolle des kleinen Hundes ist die zu diesem Zeitpunkt etwa fünfjährige Alice eine Idealbesetzung. Bellen auf Sichtzeichen – auch aus größerer Entfernung – gehört zu ihrem Standard-Repertoire. Und auf Sichtzeichen zu gehorchen ist für einen guten Filmhund unabdingbar. Schließlich kann ich ihm kein Kommando wie »Bleib!« oder »Aus!« zurufen, wenn die Schauspieler im gleichen Moment ihren Text sprechen.

Einem Hund das Bellen auf Sichtzeichen beizubringen, ist gar nicht so schwer. Wie immer bei »besonderen Leistungen« aus der Kategorie »Positivdressur« arbeite ich mit Leckerchen. Diesen Trick kann jeder zu Hause mit seinem Hund üben – am besten funktioniert das natürlich, wenn der Hund im Alltag und bei der Basiserziehung nicht andauernd mit Leckerchen vollgestopft wird.

Auch für die Rolle des großen Hundes habe ich einen passenden Kandidaten mitgebracht: Hugo, eine stattliche Mischung aus Berner Sennenhund und Schäferhund. Seine Besitzerin ist ebenfalls vor Ort, denn oft binde ich Herrchen oder Frauchen meiner Filmtiere als Co-Trainer oder Komparsen mit ein. Das hat eine beruhigende Wirkung auf die Hunde;

EXTRA-TIPP:
Der »Bellen auf Sichtzeichen«-Trick!
Erster Schritt: Sie halten dem Hund ein Leckerchen vor die Nase, am besten ein Top-Leckerchen, auf das er besonders scharf ist. Dann tun Sie nichts, beobachten ihn nur und sagen dabei: »Gib Laut!« Dem Hund wird schnell langweilig, er fragt sich: Warum bekomme ich das verdammte Leckerchen nicht?! Und irgendwann, vielleicht schon nach zwei, vielleicht erst nach zehn Sekunden, wird er eine Reaktion zeigen, wahrscheinlich erst mal kein Bellen, eher ein hörbares Ausatmen, Schnaufen, Brummen oder Fiepen. Aber egal, wie die Reaktion des Hundes ausfällt: Sie loben ihn dafür ausgiebig und belohnen ihn mit dem Leckerchen.

Im nächsten Schritt spielen Sie das gleiche Programm noch einmal durch: Leckerchen vor die Nase halten, »Gib Laut!« sagen, Reaktion abwarten. Der Hund fiept, schnauft oder brummt. Doch diesmal belohnen Sie ihn nicht sofort, sondern motivieren ihn erneut mit »Gib Laut!«. Erst wenn seine Reaktion etwas lauter ausfällt, loben Sie ihn, und er darf an das Leckerchen ran. Der Hund lernt: Ich muss bei »Gib Laut!« eine deutliche Reaktion zeigen, denn das lohnt sich. Dieses Spiel steigern Sie so lange, bis der Hund beim Bellen angelangt ist – und nur noch dafür sein Leckerchen erhält.

Wenn er das beherrscht, vergrößern Sie die Entfernung. Der Hund muss nun nach dem gleichen Schema lernen, aus einem Meter Abstand zum Halter das Signal »Gib Laut!« zu befolgen und zu bellen. Um ihm das Leckerchen zu geben, müssen Sie sich natürlich zu ihm gehen. Und schließlich ersetzen Sie »Gib Laut!« durch ein Handzeichen, zum Beispiel, indem Sie langsam die Faust öffnen. Ganz wichtig ist, den Hund nicht unter Druck zu setzen. Er braucht eine positive Erwartungshaltung (Stichwort »Positivdressur«), denn sonst will er sich unterwerfen, möglichst kaum auffallen – und bestimmt nicht bellen.

darüber hinaus kann ein Hundehalter, der sein Tier im Griff hat und es noch besser kennt als ich, eine große Hilfe sein. Es sei denn, der Hund ist extrem auf Herrchen oder Frauchen fixiert. Dann kann der Schuss auch nach hinten losgehen: Der Besitzer lenkt den Hund von seiner »Arbeit«

Leckerchen können auch erlaubt sein

ab, womöglich ist er aufgrund der Drehsituation angespannt und überträgt das auf den Hund. Schlimmstenfalls steht der Hund mitten im Dreh auf und läuft zu Herrchen/Frauchen. Auch solche Konstellationen habe ich öfter erlebt. Dann erkläre ich den Besitzern die Situation und bitte sie, draußen zu warten, während die Szene gedreht wird.

Als wir am Drehort, der Kantine eines Bürogebäudes im Kölner Media-Park, ankommen, spricht mich die Aufnahmeleiterin an, die ich schon aus der Zusammenarbeit bei anderen Produktionen kenne:

»Hallo Dirk! Wie sieht es aus? Klappt das heute gut mit den Tieren?«

Ich schaue sie etwas verblüfft an, runzele die Stirn. Warum fragt sie das?

»Hier ist momentan etwas Stress angesagt«, erklärt sie, »wir hatten gestern eine Szene mit einer Katze, die gar nicht gut gelaufen ist und ewig gedauert hat. Jetzt hat der Regisseur überhaupt keine Lust mehr auf Filmtiere.«

Nur damit ich Bescheid wisse, ich könne ja schon mal mit den Hunden üben. Sie lächelt gequält. Doch ich bin mir sicher, dass meine beiden Schützlinge ihren Job gut machen werden, und lasse mich von der angespannten Stimmung am Set nicht aus der Ruhe bringen. Grundsätzlich habe ich Verständnis für die Befindlichkeiten der Regie, denn für den Regisseur gilt bei derart kostenintensiven Produktionen tatsächlich die Redensart »Zeit ist Geld«.

Bis zu unserem Einsatz dauert es noch etwas, deshalb beschäftige ich die Hunde zwei Stunden lang, bis der »Startschuss« fällt und wir – Alice, Hugo, Hugos Frauchen und ich – endlich dran sind: Der Regisseur ist – da hat seine Aufnahmeleiterin nicht untertrieben – richtig mies gelaunt. Er zeigt mir den Tisch in der Cafeteria.

»Da muss der eine Hund drunterliegen. Die Komparsin geht mit dem anderen Hund hinaus und führt ihn anschließend auf Zeichen an der Leine herein. Und dann wird gebellt!«

»Kein Problem«, denke ich und positioniere Alice unter dem Tisch. Hugos Frauchen soll die Komparsenrolle übernehmen und macht sich schon auf den Weg nach draußen, doch plötzlich stürmt die Regieassistentin auf mich zu.

»Nein, nicht der kleine, der große Hund soll unter den Tisch.« So wolle es der Regisseur.

Ich erwidere, dass die Konstellation genau andersrum geplant gewesen sei: kleiner Hund liegt unterm Tisch und bellt, wenn großer Hund vorbeikommt. Ich zeige ihr das entsprechende Auftragsfax, sie spricht mit dem Regisseur, doch der besteht auf seiner Version. *Großer* Hund unterm Tisch bellt, wenn *kleiner* Hund vorbeikommt. Diskussion zwecklos.

Nun bekomme ich doch ein wenig Muffensausen. Ein schlecht gelaunter Regisseur, der unter Zeitdruck steht, und zwei Hunde, die ich genau auf die entgegengesetzte Szene vorbereitet habe. Und drum herum ein Team, das erwartet, der Filmtiertrainer möge nun gefälligst seinen Job machen und das irgendwie hinbiegen. Zwei Dinge sind mir klar: Wenn jetzt etwas schiefläuft, bekommt der Regisseur noch schlechtere Laune ... und ich hätte bei dieser Produktionsfirma in Zukunft schlechte Karten. Wie also kann ich Hugo dazu bringen zu bellen? Wird mir der Regisseur wenigstens zehn bis 15 Minuten Zeit geben, um die neue Konstellation zu proben? Denn im Vergleich zu Alice ist Hugos Repertoire auf ein paar Kleinigkeiten begrenzt – und »Bellen auf Sichtzeichen« gehört in jedem Fall nicht dazu. Schließlich habe ich Hugo als den Hund gecastet, der entspannt durchs Bild läuft, und nicht als denjenigen, der auf Kommando bellt.

Ich überlege fieberhaft hin und her, immerhin gilt es nach dem Katzen-Debakel vom Vortag auch die Ehre meines Berufsstandes wiederherzustellen. Dann kommt mir der rettende Einfall: Hugo ist ein dominanter und damit tendenziell futterneidischer Hund. Andere Hunde lässt er nur ungern in die Nähe seines Fressens. Wenn es um die »Wurst« geht, wird er sicher entsprechend reagieren.

Ich frage den Regisseur, ob es ein Problem sei, wenn neben dem großen Hund auch eine Handtasche unter dem Tisch stünde. Ist es nicht. Und so platziere ich Hugo mitsamt Frauchen unter bzw. am Tisch. Dann besorge ich mir eine Scheibe Schinken beim Caterer. Nun muss Hugo nur noch auf seinen Auftritt vorbereitet werden. Ich lege die Schinkenscheibe neben ihm auf den Boden und briefe seine Besitzerin: Sobald Hugo an den Schinken ran will, soll sie ihm das mit einem klaren »Nein!« verbieten, unterstützt durch einen kurzen Leinenruck.

Und los geht's: Hugo will ran – »Nein!« plus Leinenruck. Hugo will noch mal ran – wieder »Nein!« plus Leinenruck. Der erste Schritt ist gelungen, Hugo hat erkannt, dass er nicht an den Schinken darf. Aber er ist

Leckerchen können auch erlaubt sein

immer noch megascharf auf das deftige Stück. Gut so, denn genau darauf beruht mein Plan. Könnte er sprechen, würde er vermutlich schimpfen: »Verdammt, ich darf da nicht ran, ich darf da nicht ran«, ich will da aber ran! Und natürlich fixiert er die »Beute«, als handele es sich um ein Festessen und nicht um eine einfache Scheibe Schinken. Nun folgt Schritt zwei: Ich stelle die Handtasche auf die Schinkenscheibe. Und zwar so, dass noch ein kleines Stück herausguckt, das nicht im Blickfeld der Kamera liegt, wohl aber in dem des Hundes. Damit sind die Vorbereitungen abgeschlossen. Der eigentliche Dreh kann beginnen. Die Crew hat mich beobachtet, die meisten haben die Umstellung von »kleiner Beller« auf »großer Beller« gar nicht mitbekommen und denken wohl, dass ich meine üblichen Vorbereitungen treffe. Ich erkläre Hugos Frauchen, dass ich die ursprünglich ihr zugedachte Komparsenrolle übernehmen werde, dafür sitzt sie nun gemeinsam mit Hugo am Tisch. »Gleich werde ich mit Alice an dir vorbeigehen«, erkläre ich weiter, »sofort wird Hugo hochspringen und bellen, also erschrick nicht!« Proben kann ich die Szene nicht, sie muss beim ersten Mal sitzen. Alice würde sich weigern, ein weiteres Mal an »Beuteverteidiger« Hugo vorbeizulaufen.

»Und bitte!«, gibt die Regie das Startsignal für die neue Darsteller-Konstellation: Ich nehme die kleine Alice an die Leine und betrete mit ihr die Cafeteria. Währenddessen wartet der große Hugo unter dem Tisch; am Nachbartisch sitzen die beiden Schauspielerinnen und unterhalten sich. Ich führe Alice möglichst nahe an »Hugos Tisch« vorbei. Hugo ist immer noch auf seine Schinken-Beute fixiert: »Wenn ich es schon nicht fressen darf, bewache ich das Ding wenigstens, damit es sich keiner von meinen Kollegen schnappt.« Und dann bemerkt Hugo genau im richtigen Moment, dass sich mit Alice ein ebensolcher Nahrungskonkurrent nähert.

Bei uns Menschen sähe eine solche Situation im Extremfall so aus: Jemand betritt ein Restaurant und steuert auf den Tisch eines Gastes zu, der sich soeben eine große Fleischplatte hat servieren lassen. Ein Stuhl am Tisch ist noch frei, der »Fremde« macht Anstalten, sich dazuzusetzen und mitzuessen. Ganz klar: Der »Eindringling« wird in jedem Fall eine entsprechende Reaktion ernten. Ein selbstbewusster Typ steht vielleicht sofort auf und fragt, was das soll. Ein zurückhaltender Typ schaut womöglich erst einmal verwirrt.

Als Mensch wäre Hugo sicherlich ein sehr selbstbewusster Typ, denn kaum nähern Alice und ich uns seinem »Revier«, springt er auf und bellt dermaßen furchterregend, dass die Schauspielerin ihr Handwerk vergisst und wirklich erschrickt. Überzeugender kann man Kaffee nicht verschlabbern! Kommentar aus der Regie: »Super!« Es folgt ein kurzer Check, ob auch technisch alles okay ist. »War alles gut. Danke!«

Die allgemeine Stimmung entspannt sich, der Gute-Laune-Pegel zeigt wieder nach oben. Nur vier Minuten hat der Dreh gedauert, und die Produktion hat die verlorene Zeit wieder aufgeholt. Wir bleiben noch freiwillig eine halbe Stunde lang am Set, denn dort gibt's nun ein leckeres Mittagessen. Und natürlich bekommt Hugo zur Belohnung noch eine weitere Scheibe des heiß ersehnten Schinkens.

Für Alice war die gedrehte Szene normaler Hundealltag und keine Belastung. Schließlich hat Hugo sie bloß davor gewarnt näherzukommen – auch wenn die Reaktion eines solch großen Hundes manchen Menschen Angst einjagt. Es ging Hugo in keiner Weise darum, Alice anzugreifen und zu verletzen, die beiden kennen sich und haben noch kurz vor dem Dreh miteinander gespielt. Hugo übermittelte lediglich eine klare Ansage: »Komm nicht näher, hier liegt Beute, und zwar meine.« Und dass Hugo Alice die Show gestohlen und ihre Rolle bekommen hat, hat sie gar nicht bemerkt. Wie schon in Kapitel 6 beschrieben: Hunde kennen zwar Futterneid, doch Eitelkeit kennen sie nicht.

Kleine Kunststückchen verbinden Hund und Halter

Ein Hund, der als »Schauspieler« arbeitet, sollte nicht nur auf Fotos gut rüberkommen, er muss vor der Kamera auch diverse Tricks und Anforderungen beherrschen. Also eigentlich nichts für Anfänger.

»Für einen neuen Videorekorder-Werbeprospekt suchen wir einen kleinen, süßen Hund«, lautet die Anfrage einer Kölner Werbeagentur. Ich schaue mir den Prospekt vom Vorjahr an, um ein Bild davon zu bekommen, wie die Agentur arbeitet. Damals warb ein gelber Labrador für die Videorekorder, nun ist ein kleinerer Sympathieträger gefragt. Am besten einer, der ungefähr genauso lang ist wie ein Videorekorder aus der neuen Serie breit. So kann der Hund – anders als ein Labrador – auch auf dem Gerät sitzend fotografiert werden.

> **EXTRA-TIPP:**
> **Der »Zeitung tragen«-Trick!**
> Wenn Sie mit Ihrem Hund das eine oder andere Kunststückchen üben, lasten Sie ihn geistig aus und verbessern die Bindung. Wer einen apportierfreudigen Hund besitzt, kann Gysmos Übung zur Mission »Zeitung tragen« erweitern. Der Hund hält die Zeitung oder Zeitschrift (am besten eingerollt und mit Gummi zusammengehalten) nicht nur im Maul, er wird außerdem dazu animiert, sie beim Laufen wie ein Apportierholz zu tragen.
> Hat der Hund die Zeitung im Maul, loben Sie ihn in entsprechend »erfreuter« Tonlage mit dem Wort »Halten«. Lässt er sie wieder los, beginnen Sie von Neuem und loben ihn, sobald er sie wieder im Maul hat, erneut mit »Halten«. Das üben Sie nun jeden Tag ein paar Mal. Mit der Zeit gelingt es dem Hund, die Zeitung auch während des Laufens im Maul zu behalten. Beginnen Sie also am besten mit kurzen Wegen und steigern Sie die Strecke allmählich. Bis Sie Ihrem Nachbarn (oder ihrer Nachbarin) damit imponieren können, dass Ihr Hund die Zeitung vom Kiosk bis nach Hause trägt, bedarf es allerdings eines geduldigen Trainings. Prinzipiell kann man diese Fähigkeit mit allen möglichen Gegenständen trainieren.

Alice hat mittlerweile Welpen bekommen – und einen von ihnen habe ich behalten: Rein optisch wäre der – zu diesem Zeitpunkt – rund sieben Monate alte und gut fünf Kilo schwere Gysmo der ideale Kandidat. Aber ist er schon reif für so einen Auftrag? Er beherrscht zwar diverse Tricks, ist aber noch lange nicht »top« trainiert und hat bisher keinerlei Erfahrung als Filmdarsteller oder Model. Andererseits bleiben noch drei Wochen Zeit zur Vorbereitung, und ich traue Gysmo den Job zu. Die Agentur erhält mehrere Bewerbungsfotos, die Auftraggeber sind begeistert. Also wird Gysmo »Cover-Dog« einer Videorekorder-Werbung.

Der Prospekt erzählt in Bild und Text eine kleine Geschichte, um die Vorzüge der neuen Technik anzupreisen – eine Geschichte aus Hundeperspektive: »Es klingelte. Ich rannte zur Tür, es roch aufregend anders. Die neue Nachbarin! Mein Mensch benahm sich so merkwürdig ...« Kurz und knapp zusammengefasst: Die Nachbarin bittet Gysmos Herrchen, den Film *Legenden der Leidenschaft* aufzuzeichnen. Es bleibt nur noch eine Stunde Zeit, doch dummerweise gibt der Videorecorder genau in diesem Moment seinen Geist auf. Gemeinsam mit Gysmo schwingt sich Herrchen auf den Motorroller, um Ersatz zu besorgen. O-Ton Gysmo, dessen Name – wie bei vielen seiner Auftritte – im Prospekt übernommen wird: »Wie die geflügelten Höllenhunde rasten wir in die Stadt.« Und natürlich klappt es dann sowohl mit der Videoaufnahme von *Legenden der Leidenschaft* als auch mit der Annäherung zwischen Gysmos Herrchen und der neuen Nachbarin.

Was Newcomer-Model Gysmo bei seinem ersten Job zu tun hat? In Szene eins muss er eine Fernsehzeitschrift im Maul festhalten, um seinem Herrchen zu zeigen, wann und auf welchem Kanal *Legenden der Leidenschaft* gezeigt wird. (O-Ton im Prospekt: »Ich checkte schon mal das Programmheft.«) Wie ich ihn vor der Aufnahme dazu bringe? Ich wedele mit der Zeitschrift vor seinem Gesicht herum, damit er Interesse entwickelt. So ist es fast logisch, dass er nach ihr schnappt und sie im Mund halten will. Während er sie festhält, lobe und streichele ich ihn. Nach einigen Sekunden lasse ich die Zeitschrift los, in der Hoffnung, dass er sie nicht fallen lässt. Das klappt recht schnell, der Fotograf drückt auf den Auslöser, die Szene ist im Kasten, und Gysmo erhält zur Belohnung ein Leckerchen.

In Szene zwei steht Gysmo mit seinem Herrchen am Schaufenster eines Elektro-Fachgeschäfts. Die Schwierigkeit für Gysmo: Er muss gemeinsam mit einer fremden Person (dem Herrchen-Darsteller) agieren und mit den Vorderpfoten auf einen Vorsprung am unteren Rand der Schaufensterscheibe springen, sodass es aussieht, als wolle er einen kritischen Blick auf die Videorekorder in der Auslage werfen. Für diese Aufgabe nutze ich den Futtertrieb und tue so, als würde ich auf dem Vorsprung ein Leckerchen verstecken. Die genaue Position spreche ich mit dem Fotografen ab. Dann gehen Herrchen und Hund in Stellung. Als Gysmo sieht,

 **IRRTUM NR. 23:**
»Ich lasse meinen Hund nach versteckten Leckerchen suchen, um ihn körperlich und geistig zu beschäftigen.«

Falsch! Auch wenn dieses Spielchen von vielen Hundeschulen empfohlen wird, rate ich davon ab – ganz besonders draußen. Der Grund: Die negativen Begleiterscheinungen überwiegen. Wer als Rudelführer zu oft die »Beute« freigibt, gefährdet seinen Status. Und wenn ein Hund immer animiert wird, im Gras oder im Gebüsch nach Leckerchen zu suchen, zieht er irgendwann den Schluss: Alles, was ich auf dem Boden finde, gehört mir und darf bzw. soll gefressen werden. Und schon haben Sie einen Hund, der beim Gassigehen ständig nach Döner-Resten oder verschimmelten Pausenbrötchen schielt.

wie ich mich an dem Vorsprung zu schaffen mache, sagt ihm seine Filmhundundeerfahrung: »Aha, jetzt versteckt der Rudelführer wieder was.«

Ich gehe aus dem Bild. Noch sitzt Gysmo, ist aber bereits auf den Vorsprung fixiert. Dann erfolgt ein Kommando, das ich mit Gysmo vorher geübt habe: »Such! ... Wo ist das Leckerchen?« Gysmo springt auf, stützt sich mit den Pfoten am Schaufenstervorsprung ab, steht auf zwei Beinen, schnüffelt nach der »Beute«. Der Fotograf macht seine Fotos. Wir spielen das Ganze dreimal durch, dann hat er Gysmo perfekt erwischt: ein vierbeiniger »Videorekorder-Freak«, der gemeinsam mit seinem Zweibeiner die technischen Innovationen bestaunt. Klar, dass Gysmo nach erfolgreicher Arbeit endlich sein Leckerchen bekommt. Auch hier handelt es sich um eine Positivdressur, daher ist das Leckerchen erlaubt. Für den Alltag von Otto Normalhund ist die Übung jedoch nicht geeignet, sonst würde er danach bei Stadt-Spaziergängen an jeder Ecke nach Leckerchen suchen.

Szene drei zeigt, wie Gysmo auf dem Karton des Videorekorders sitzt. Auf dem Kopf trägt er eine verspiegelte Sonnenbrille. Doch der eigentliche Clou: Der Karton ist auf dem Gepäckträger des Motorrollers festgeschnallt. Natürlich hat man hier ein bisschen getrickst, denn der ausgefahrene Ständer des Rollers wurde nachträglich wegretuschiert. Alles andere wäre für einen ungesicherten Hund viel zu gefährlich, zumal wir bei dieser Szene auf Kopfsteinpflaster arbeiten. Das Motorengeräusch an sich wäre für Gysmo allerdings kein Problem gewesen. Anders als viele Hunde reagiert er darauf nicht aggressiv, denn ich habe ihn schon als Welpen an laute Geräusche gewöhnt.

Gysmos Roller-Foto sieht im Prospekt völlig selbstverständlich aus, aber es steckt intensives, etappenweises Training dahinter. Gysmo muss sich zunächst daran gewöhnen, die Sonnenbrille zu tragen – zumindest für ein paar Sekunden –, obwohl Hunde normalerweise mit einem Abwehrreflex auf Brillen reagieren und den Fremdkörper vor den Augen so schnell wie möglich wieder loswerden wollen. Daher lasse ich Gysmo erst einmal an der Brille schnuppern. Dann setze ich sie ihm vorsichtig auf und lobe ihn mit einem lang gezogenen »Feiner Kerl!« in einer eher leisen, aber höheren Tonlage, die ihm zeigt, dass er gerade etwas gaaanz Tolles macht.

Gysmo wird aber bei diesem Training nicht nur enthusiastisch gelobt, er bekommt obendrein auch noch ein Leckerchen. Und schnell merkt er: »Je länger ich die Brille aufbehalte, desto mehr freut sich mein Rudelführer. Und desto mehr Extrahappen fallen für mich ab.'«

Nun kommt die nächste Schwierigkeit: Gysmo muss die Brille tragen, während er auf einem Karton sitzt. Auch das habe ich zu Hause mit einem Karton, der dem im Shooting ähnelt, trainiert. Mit einem einfachen »Platz!« – kurze Pause – und danach »Bleib!« hat Gysmo gelernt, auf dem Karton Platz zu machen und dort zu bleiben. Auch diesen letzten Schritt haben wir vor dem Shooting Dutzende Male so realistisch wie möglich trainiert: Ich hebe Gysmo hoch und platziere ihn auf dem Karton, der sich aber nun nicht mehr auf dem Boden, sondern auf dem Motorrad meiner Freundin befindet. Dann setze ich Gysmo die Brille auf. Er hat vor der Höhe keine Angst, denn aus Erfahrung weiß er: »Auf diesem Karton zu liegen tut mir gut, nach einer Weile kommt der Rudelführer zu mir und gibt mir ein Leckerchen.« Das intensive Training vorab zahlt sich aus. Rasch hat der Fotograf auch diese recht schwierige Szene in verschiedenen Motiven im Kasten. Die Agentur entscheidet sich schließlich für eines, bei dem Gysmo lässig die rechte Vorderpfote vom Karton herunterbaumeln lässt.

Leckerchen können auch erlaubt sein

In Szene Nummer vier hat das Herrchen den Videorekorder ausgepackt – und Gysmo sitzt in dem leeren Karton. Kein Problem: Ich positioniere ihn dort mit einem einfachen »Bleib!«. Dabei soll er jedoch »süß-traurig« gucken. Mit einer Positivdressur käme ich hier nicht weiter. Wäre ein Leckerchen mit im Spiel, würde Gysmo sofort die Ohren spitzen und alles andere als süß-traurig aussehen. Den gewünschten Gesichtsausdruck erreiche ich, indem ich Gysmo etwas ernster anspreche. Prompt legt er die Ohren an und wirkt eher unterwürfig, und wenn er könnte, würde er vermutlich diese typische »Ich weiß von nichts«-Melodie pfeifen. Wie bestellt zeigt er den »süß-traurigen« Blick sowie die entsprechende Körpersprache, die signalisiert: Bloß nicht auffallen! Dafür erntet Gysmo von mir, dem Ranghöheren, die natürliche Reaktion: Ich beachte ihn für einige Momente nicht und tue so, als wäre er gar nicht da. Fast wie in einem echten Hunderudel.

In der folgenden Szene der Prospekt-Geschichte zeigt Herrchen »seinem« Gysmo einen Videofilm mit der Hundedame Lassie. O-Ton Gysmo im Prospekt: »Ich stellte mich auf die Hinterbeine, um der edlen Dame in die funkelnden Augen zu schauen.« Was damit gemeint ist? Gysmo soll einen Blick in den Kassettenschlitz werfen. Damit der Fotograf ein entsprechendes Foto schießen kann, stecke ich ein stark riechendes Leckerchen in den Schlitz und schicke Gysmo anschließend los, nach dem Motto: »Auf geht's, das ist deins!« Mein »Nasentier« reagiert wie erhofft. Szene im Kasten.

Bleibt nur noch ein Foto – Gysmos letzte Szene: Herrchen und die neue Nachbarin sitzen auf dem Sofa und gucken die Aufzeichnung von *Legenden der Leidenschaft*. Wer den Film kennt, weiß, dass Brad Pitt und seine Kollegen darin oft auf Pferden reiten. O-Ton Gysmo: »Ständig musste ich nachspüren, wo die Pferde und Menschen in unserer Wohnung rumliefen. Keine da – dabei hatte ich sie in allen Winkeln gehört; doch mein Mensch lachte nur und sagte etwas von Rundumklang und Dolby Surround. Also, da muss ich mich erst noch dran gewöhnen.« Laut Drehbuch sucht Gysmo nun eine Ersatzbefriedigung und widmet sich einem der beiden hochhackigen Schuhe der Nachbarin, die in einer Ecke des Raumes auf dem Boden stehen: »Das Teil muss ich näher benagen.« Für das Foto, auf dem Gysmo am Damenschuh nagt, muss ich einen Weg finden, um seine gute Erziehung kurzzeitig außer Kraft zu setzen.

In solchen Situationen ist es wichtig zu verstehen, wie ein Hund tickt. Denn Gysmo denkt natürlich nicht: »Oh, sieht wie ein Schuh aus, davon lasse ich besser mal besser die Pfoten.« Man geht davon aus, dass die Sehschärfe von Hunden etwa sechsmal schlechter ist als die von Menschen, außerdem erkennen sie auch weniger Farben. Dennoch kann ein Hund klar definierte Formen wie einen Ball rein visuell wiedererkennen. Wird ein Hund mit fünf Bällen konfrontiert, findet er immer den »am schönsten«, der sich gerade bewegt. Wirft man drei Bälle gleichzeitig hoch, wird er sich den schnappen, den er am schnellsten erreichen kann. Neben der Form eines Objekts spielt es also auch eine Rolle, ob und wie es sich bewegt oder wie es bewegt wird. Eine der großen Stärken von Hunden ist, dass sie – die Nachfahren des Wolfes – selbst in großer Entfernung minimale Bewegungen wahrnehmen können. Ihr Gesichtsfeld beträgt 240 Grad, das des Menschen nur 200 Grad. Darum verharren Beutetiere in der freien Natur oft regungslos, wenn sie einen Feind wittern. Doch die neuesten Sandalen oder Pumps sind für Hunde – im Gegensatz zu vielen weiblichen Zweibeinern – keine Beute.

Wie also verarbeitet ein Hund Informationen, wenn es um Schuhe geht? Die Form allein kann er nur schwer verknüpfen, dafür gibt es zu viele Unterschiede: hohe und flache Schuhe, offene und geschlossene Schuhe, Leder- und Stoffschuhe, Stiefel und Sandalen. Schuhe sehen unterschiedlich aus, bestehen aus unterschiedlichen Materialien und riechen immer anders. Wie lernt ein Hund, dass er die Schuhe in der Garderobe nicht anknabbern darf? Ganz einfach, er erschnüffelt sich seine Information. Ein Welpe, der an einem benutzten Schuh zu knabbern versucht und daraufhin korrigiert wird, zieht folgenden Schluss: »An Dingen, die so riechen, darf ich nicht knabbern und zupfen, sonst gibt's Ärger.«

Deshalb muss für die letzte Szene ein nagelneuer Schuh her, einer, der neutral riecht, sodass Gysmo ihn nicht zuordnen kann. Wir brauchen ein aus Hundesicht »neutrales« Objekt. Fragt sich nur noch, wie ich es erreiche, dass Gysmo den Schuh zerkaut? Oder anders gefragt: Wie mache ich den Schuh interessant? Ich gebe Gysmo den Schuh, lasse ihn daran schnüffeln, nehme ihm den Schuh wieder weg, nehme die Einlage heraus,

Leckerchen können auch erlaubt sein

lasse ihn auch daran schnüffeln, werfe den Schuh, lasse ihn von Gysmo apportieren, inszeniere ein kleines Gezerre, das ich gewinne. Kein Wunder, dass Gysmo jetzt extrem scharf auf diesen Schuh ist, den sein Rudelführer so vehement verteidigt.

Das nutze ich aus: Beim nächsten Spiel mit dem Schuh tue ich zunächst so, als wollte ich die »Beute« abermals bei mir behalten, gebe aber dann doch nach. Der Fotograf weiß bereits, dass er in ein paar Sekunden einsatzbereit sein muss – und Gysmo reagiert wie erwartet mit Imponiergehabe. Jetzt, da ihm Alphatier Lenzen die »Beute« überlassen hat, versucht er zu provozieren und fängt an, den Schuh zu benagen: »Siehst du, nun habe ich das Ding, und jetzt zeige ich dir mal, was ich kann. Ätsch.«

Ganz wichtig: Auch wenn das Zerrspiel für Filmhund Gysmo in diesem Fall Sinn macht, sollte es im normalen Alltag für einen Familienhund tabu sein. Ein Hund, der an etwas zerrt – sei es ein Apportierseil oder Herrchens Schal – baut automatisch Aggressionen auf. Und wenn der Hund gar ein Zerrspiel mit Herrchen oder Frauchen gewinnt, wird er sich im Alltag verstärkt dominant verhalten. In der Schutzhundausbildung sind Zerrspiele üblich, damit der Hund lernt, kräftig zuzupacken und nicht bzw. nur auf Kommando loszulassen.

Als der Fotograf fertig ist, mache ich Gysmo mit dem Kommando »Aus!« klar, dass das Spiel vorbei ist und er mir den Schuh geben muss. Bei den Kommandos gibt es kleine, aber feine Unterschiede: Würde ich Gysmo nach dem »Aus!« zusätzlich loben, hieße das für ihn: »Das Spiel ist nur unterbrochen, gleich geht's weiter.« Um einen Hund beim gemeinsamen Spiel zum Loslassen der »Beute« (das kann auch ein Ball oder ein Frisbee sein) zu bewegen, dürfen wir das Hörzeichen »Aus!« ausnahmsweise durch ein Lob entschärfen – und zwar, um die Spielmotivation des Hundes zu erhalten (sonst nie! Siehe Kapitel 4, »»Nein!‹, ›Aus!‹ und ›Ab!‹«)

Alles in allem dauert Gysmos erstes Werbeshooting zwei Tage, einen Tag arbeiten wir draußen, einen drinnen. Aber ich werde noch einige Monate lang an diese Produktion erinnert: Der Hersteller des Videorekorders lässt nicht nur den Prospekt drucken, er verwendet die Fotos von Gysmo auch für einen Aufsteller, der in allen Elektronikshops steht, damit das Gerät sofort ins Auge fällt. Immer wieder begegnet mir mein Hund samt Werbeslogan. Ein vielversprechender Karrierebeginn! Ich bin stolz auf Gysmo ... und nur wenig später landet er auch schon beim Fernsehen ...

Wie Hunde »Teamplayer« werden

Generell ist es bei der Arbeit mit Filmhunden wichtig, einen ähnlich aussehenden Vertreter parat zu haben. Schließlich können auch Hunde kurzfristig durch Verletzung oder Krankheit ausfallen oder einfach mal einen schlechten Tag haben. Bei großen Hollywood-Produktionen mit einem tierischen Filmstar in der Hauptrolle wechseln sich sogar von vornherein bis zu einem halben Dutzend Hunde ab. In der Regel werden für Filmrollen Rassehunde bevorzugt, da es dann leichter ist, einen Ersatzhund zu beschaffen. Auch Alice und Gysmo haben sich schon einmal in der gleichen Rolle gedoubelt, schließlich sehen sie sich aufgrund der Konstellation Mutter-Sohn sehr ähnlich.

Für den Dreh einer Folge der Sketch-Comedy-Serie *Das Büro* (PRO7) wird ein Hund gesucht, der folgende Anforderungen erfüllt: apportierfreudig, menschenfreundlich, lässt sich auf den Arm nehmen. Das ist eigentlich eine Paraderolle für Alice, aber es gibt auch einige Szenen, für die Gysmo besser geeignet ist. Also habe ich einfach beide mit ans Set gebracht. Einen sichtbaren Unterschied gibt es allerdings: Alice hat ein etwas helleres Fell als Gysmo. Daher entscheide ich mich dafür, Alices silberfarbenes Fell mit einem auswaschbaren, unschädlichen Spezialspray einzufärben – bis auf die Brust. Auf diese Weise entsteht auf ihrem Fell eine Blesse: Gysmos Markenzeichen. Das funktioniert so gut, dass am Set niemand außer mir die beiden auseinanderhalten kann.

Das Büro zieht »sinnlose Meetings, planlose Kollegen und hemmungslosen Klatsch« durch den Kakao, meistens steht Bürochef Behrensen, gespielt von Ingolf Lück, im Mittelpunkt. In der betreffenden Folge ist Behrensens Frau in Urlaub gefahren und hat ihrem Mann den Hund zur Pflege überlassen. Behrensen wiederum passt das überhaupt nicht, deshalb überträgt er die Beaufsichtigung des Hundes seinem Kollegen Vollmer, gespielt von Peer Kusmagk. Klar, dass dabei einiges schiefgehen muss. Das

Leckerchen können auch erlaubt sein

Alice wird eingefärbt

reine Chaos. Gysmo übernimmt die Rolle in einer Szene, die in der geschnittenen Version am gefährlichsten aussieht: Der Hundebetreuer wirft einen Ball, der Ball hüpft aus dem Fenster, der Hund springt hinterher. Was die Zuschauer nicht wissen: Wir haben vorher mithilfe eines Speziallifts ein breites Podest direkt vor die Scheibe gefahren, und dort steht ein Co-Trainer, der Gysmo mit dem Kommando »Hopp« nach draußen lockt. So landet Gysmo nach seinem Sprung über die Fensterkante nicht in der Tiefe, sondern in Sicherheit. Natürlich haben wir die Szene einige Male geprobt. Dabei spielt der Ball gar keine Rolle, damit Gysmo aus dem Fenster springt, denn nicht zuletzt aus Sicherheitsgründen habe ich ihn nicht darauf, sondern auf ein Leckerchen fixiert, das ihn auf dem Podest erwartet.

Im weiteren Drehverlauf erfahre ich von der Regie, dass es Probleme gibt, weil Ingolf Lück eine Hundehaarallergie hat. Als er Alice auf den Arm nehmen muss, merke ich tatsächlich, wie er ein bisschen das Gesicht verzieht. Dafür habe ich volles Verständnis – denn wer läuft schon gerne Gefahr, während der Arbeit einen Schnupfen- oder Hustenanfall zu kriegen? Peer Kusmagk, dem »Hundebeauftragten«, macht die Arbeit mit den

Hunden hingegen sichtlich Spaß, auch in den Drehpausen beschäftigt er sich mit Alice und Gysmo, stellt viele Fragen und ist sehr interessiert.

> **EXTRA-TIPP:**
> **Der passende Zweithund**
> Ein Hundebesitzer holt sich einen zweiten Hund aus dem Tierheim. Dort hat er die Info »Kann gut allein bleiben, wenn noch ein anderer Hund dabei ist« bekommen. Auch mit dem Ersthund kommt der »Neue« gut klar. Alles klar? Leider nicht, denn schnell taucht ein Problem auf: Der Besitzer geht mit seinem ersten Hund regelmäßig joggen. Der Zweithund macht allerdings schon nach 1000 Metern schlapp und weigert sich weiterzurennen. Alleine zu Hause lassen kann der Halter den neuen Hund nicht. Es bleiben drei unbefriedigende Möglichkeiten: a) Der Halter bricht seine Jogging-Sessions fortan jedes Mal nach 1000 Metern ab; b) Er verzichtet ganz aufs Joggen; c) Er gibt den Zweithund wieder ab.
> Damit so etwas nicht passiert, sollten Halter, die über Rudelzuwachs nachdenken, sorgfältig abwägen: Welche Eigenschaften hat der Ersthund, welche der Zweithund, und wie passt das zusammen? Wo könnten Probleme oder Konflikte entstehen? Größe? Geschlecht? Aktivitätsdrang? Ein sehr aktiver Zweithund, der einem älteren Ersthund eigentlich ein bisschen mitziehen und animieren soll, kann sich für diesen womöglich zum puren Stressfaktor entwickeln.
> Zweithund-Kandidaten sollten den Ersthund mindestens einmal auf neutralem Boden kennenlernen, bevor sie einziehen. Die »Chemie« muss stimmen. Wenn Sie unsicher sind, sollten Sie einen Experten hinzuziehen. Hüten Sie sich auch hier vor spontanen und leichtfertigen »Der hat so süß geguckt«-Entscheidungen. Auch der zweite Hund braucht Aufmerksamkeit und muss erzogen werden.

Überhaupt zeigt sich während der Filmtierarbeit schnell, welche Regisseure, Schauspieler oder Crew-Mitglieder einen Draht zu Hunden haben und welche nicht. »Ich habe selbst einen Hund«, hören, ich oft von den Hundefreunden, die die vierbeinigen Kollegen als willkommene Abwechslung im Drehalltag sehen, andere hingegen sind auch ohne Hundehaarallergie noch deutlich reservierter als Ingolf Lück. Nun kann natürlich nicht jeder ein Hundefan sein, aber wenn einer meiner Schützlinge mit jemandem zu tun hat, der sich mit Hunden offensichtlich gar nicht wohlfühlt und das auch ausstrahlt, färbt das sofort auf meine Stimmung ab: Ich habe ein ungutes Gefühl und entspanne mich erst wieder, wenn der Hund in meiner Obhut ist.

Der »Doppeldreh« von Alice und ihrem Sohn Gysmo war für mich eine tolle Erfahrung. Doch gemeinsame Auftritte sind dennoch die Ausnahme. Das liegt nicht zuletzt daran, dass Alice kurze Zeit später erneut Mutter wird.

Alices zweite Schwangerschaft bringt meinem Rudel Zuwachs – und Gysmo eine Halbschwester: Houkey. Als sie geboren wird, ist sie auf einem Auge blind. Doch ich bringe es nicht übers Herz, sie wegzugeben. Ich habe einfach das Gefühl, dass sie bei mir am besten aufgehoben ist. Bis heute bin ich sehr glücklich mit dieser Entscheidung. Im Vergleich zu Mutter Alice und Bruder Gysmo ist Houkey eher ein Mitläufer, eine Art Nesthäkchen in unserem Rudel – sozial, freundlich zu Kindern und anderen Hunden, trotzdem durchaus kernig. Bei mir darf sie einiges ausleben und muss nicht »arbeiten«.

Hunde – in der Riech-Liga ganz weit oben

Während ich Alice nach ihrer zweiten Schwangerschaft schone und nur noch recht selten für Film- und Fotoaufnahmen einsetze, entwickelt sich Gysmo zum Dauergast im Fernsehen. Gleich zweimal kommt er bei Anke Engelkes Comedy-Serie *Ladykracher* zum Einsatz.

Im ersten Sketch spielt Anke Engelke eine schick gekleidete Geschäftsfrau, die an der Seite ihrer ebenso gestylten Kollegin (gespielt von Dana Golombek) auf dem Weg zu einem wichtigen Meeting ist. Beide wollen unbedingt frühzeitig da sein, denn: »Beim Small Talk vor dem Gespräch erfährst du zehnmal mehr als in fünf Stunden Sitzung.« Ihr Weg führt sie durch einen Park. Noch liegen die beiden gut in der Zeit, alles bestens. Doch plötzlich hält Anke Engelke inne, im Hintergrund erklingt übertrieben dramatische Musik wie kurz vor dem Höhepunkt eines schlechten

Gruselfilms. Langsam zoomt die Kamera auf den rechten ihrer hochhackigen Schuhe. »Oh nein, bitte nicht«, sagt sie zerknirscht – doch es ist zu spät. Sie ist in einen Hundehaufen getreten, von dem nun mindestens die Hälfte am vorderen Teil der Schuhsohle klebt. Natürlich wird bei dieser Szene kein echter Hundekot verwendet. Stattdessen hat das Team mit viel Spaß einen täuschend echten Haufen aus einem Schokoladen-Nutella-Mix kreiert. Um die Hunde davon abzuhalten, Anke Engelkes Schuh abzuschlecken, habe ich darauf bestanden, unangenehm riechendes Kriechöl hinzuzumixen. Doch noch ist in der Szene nichts von den Übeltätern zu sehen. Untermalt von der Psychomusik fragt Anke Engelke mit grimmigem Blick: »Wer war das?« Kurze Pause. Dann noch mal: »Wer war das, habe ich gefragt?« Nun schwenkt die Kamera auf den Gehweg vor den beiden Schauspielerinnen. Vier nebeneinander in Platz-Position liegende Hunde, die völlig unbeteiligt durch die Gegend schauen, versperren den Damen den Weg: der Dalmatiner einer Freundin, ein kniehoher schwarzer Mischling, eine kleine weiße Hündin, die ich erst ein paar Tage zuvor gecastet hatte – und Gysmo. Wichtig war, dass sich die vier Hunde deutlich voneinander unterscheiden. Denn in ihrer Rolle droht Anke Engelke: »Ich gehe hier nicht weg, bevor sich derjenige gemeldet hat, der das hier zu verantworten hat.« Danach zeigt die Kamera die einzelnen Hunde in Großaufnahme. »Ich habe Zeit«, verkündet Anke Engelke, derweil mahnt ihre Kollegin zur Eile: »Der Termin …« Doch Geschäftsfrau Engelke will das jetzt durchziehen: »Na schön, ich kann auch anders«, meint sie, zieht den rechten Schuh aus und fügt an die Hunde gerichtet hinzu: »Ich lasse mir doch von euch keinen Auftrag kaputt machen«. Sie hält sich den Schuh vor die Nase und schnüffelt wie ein Hund an der mit »Scheiße« verklebten Sohle. »Alter? Dreieinhalb Jahre«, sagt sie, riecht erneut und übermittelt ihrer Kollegin weitere Schnüffel-Infos: »Rüde! … Und definitiv nicht reinrassig!« Wieder die dramatische Musik. Showdown. Die vier Hunde regen sich nicht. Es fehlt nur noch eine letzte und entscheidende Information, um den Übeltäter zu identifizieren. »Terrier!« Mit dem vollgeschissenen Schuh in der Hand zeigt Anke Engelke auf Gysmo: »Du warst es!« Sofort dreht sich Gysmo um und nimmt Reißaus, Anke Engelke humpelt laut schreiend auf einem Schuh hinterher: »Bleib stehen, du Missttöle!« Ihre Kollegin bleibt zurück, schaut entnervt auf die Uhr … und

Leckerchen können auch erlaubt sein

stöckelt ebenfalls in den Hundekot. Nun nimmt sie wutentbrannt die Verfolgung auf: »Aus dir mach ich Hackfleisch, du Misttöle!« Die Schlussszene zeigt, wie Anke Engelke und Dana Golombek hinter Gysmo herlaufen, bis schließlich alle drei aus dem Bild sind. Die verbliebenen drei Hunde liegen immer noch in der gleichen Position, drehen nur den Kopf und schauen den beiden fluchenden Frauen hinterher, als dächten sie: »Mein Gott, diese empfindlichen Zweibeiner und ihre merkwürdigen Allüren.«

Entscheidend beim Dreh dieses Sketches ist, dass Gysmo im richtigen Moment stiften geht und dass es spontan aussieht. Außerdem müssen die anderen drei Hunde unbedingt in der Platz-Position verharren. Dafür habe ich zwei der Hundehalter als Co-Trainer eingebunden, die Gysmos Kollegen auf sich fixieren und von der Seite aus per Handzeichen dafür sorgen, dass sie sich nicht von der Stelle rühren. Direkt nach seiner Identifizierung als Übeltäter rufe ich Gysmo zu mir. Unmöglich, ihn per Handzeichen abzurufen, denn ich stehe etwa 30 Meter entfernt versteckt im Gebüsch. Per Funkgerät erhalte ich von der Regieassistenz den »Startschuss«. Allerdings rufe ich meinen Hund nicht wie üblich mit »Komm!« oder »Hier!« zu mir, sondern mit seinem Namen: »Gysmo!« Denn auch die anderen drei Hunde hören auf mich und könnten sich sonst angesprochen fühlen.

Wenn man wie in diesem Fall mit Hörzeichen arbeiten *muss*, dürfen diese nicht gleichzeitig zum Text der Schauspieler erfolgen, da sie dann bei der späteren Bearbeitung des Filmmaterials nicht mehr herausgeschnitten werden können. Ich rufe also nach Gysmo genau eine Sekunde nach Anke Engelkes »Du warst das!«. Wir brauchen vier bis fünf Anläufe, insgesamt anderthalb Stunden, bis alles stimmt. Schließlich sind nicht nur ein oder zwei, sondern gleich vier Hunde zu koordinieren, weshalb die Fehlerwahrscheinlichkeit steigt. Außerdem geht es zusätzlich um so kleine Details wie die korrekte Blickrichtung der drei liegenden Hunde. Dies erreichen wir, indem wir die Co-Trainer exakt so positionieren, dass die Hunde in die von der Regie gewünschte Richtung schauen.

Der Sketch »vermenschlicht« eine wirklich bemerkenswerte Fähigkeit von Hunden, die noch nicht gänzlich erforscht ist: Sie können durch ihre mit bis zu 220 Millionen Riechzellen bestückten Nasenschleimhäute

Informationen aufnehmen und verarbeiten, die uns Menschen, die wir grade mal über fünf Millionen Riechzellen verfügen, für immer verborgen bleiben – und spielen damit in einer viel höheren Riech-Liga. Jeder Haufen Kot und jeder Tropfen Hundepipi ist gewissermaßen eine Visitenkarte und gibt unseren vierbeinigen Freunden Aufschluss darüber, welches Geschlecht der Artgenosse hat, wie alt und ob er eher dominant oder unterwürfig ist. Eine sehr effektive und im Laufe der Evolution bewährte Form der Kommunikation: Wenn eine Hündin läufig ist und folglich besonders viele Duftnoten in der Umgebung verbreitet, muss sie nicht lange auf »Bewerbungen« männlicher Verehrer warten. Kein Wunder, dass sich für am Boden schnüffelnde Hunde der Spruch etabliert hat: »Das ist für Hunde so spannend wie für uns das Zeitunglesen.«

Kapitel 9
Auf dem letzten Weg die Pfote halten

Man kann als Hundehalter innerhalb von 40 Jahren vier Doggen haben – oder zwei Terrier. Auch wenn nicht jede Hunderasse die gleiche Lebenserwartung hat, so fallen doch spätestens, wenn ein Hund seinen zwölften Geburtstag erreicht, Sätze wie: »Hoffentlich haben wir noch ein paar Jahre mit dir.« Dann wird der Hund gedrückt und gekrault. »Noch bist du ja bei uns.« Der Hund bekommt von alldem nichts mit – außer dass sein Rudelführer gerade wieder mal so viele seltsame Laute von sich gibt und mit ihm kuschelt. Hunde leben nämlich im Hier und Jetzt, sie können sich deshalb keine Gedanken über die Zukunft oder die Vergangenheit machen. Zum Glück! Würde mir jemand erzählen, dass ich jetzt doch schon 49 sei und es in nicht allzu ferner Zukunft mit mir zu Ende gehe, wäre der Tag für mich gelaufen.

Leider tragen einige Hundehalter dazu bei, das Leben ihres Hundes zu verkürzen, indem sie viel zu früh Rücksicht auf ihn nehmen und ihn nur noch selten oder gar nicht mehr mit den »jungen Wilden« spielen lassen. Schließlich hat ihr vierbeiniger Senior schon die ersten Zipperlein im Kreuz und kann nicht mehr so schnell laufen. Ein Fehler, denn damit raubt man dem Hund schöne Lebenszeit, weil das Spiel mit Artgenossen zu einem erfüllten Hundealltag dazugehört.

Einmal habe ich eine Hundehalterin erlebt, die diese falsche Rücksichtnahme auf die Spitze trieb: Ihr schon etwas älterer Hund durfte nicht mehr springen und ohne Leine laufen – aus Angst, es könnte ihm etwas passieren. Den Großteil des Tages verbrachte er neben dem deprimierten Frauchen auf dem Sofa, während diese schon vorsorglich eine Urne gekauft und ein Bild ihres Lieblings hatte zeichnen lassen. Schon zu Lebzeiten ihres Hundes bestimmte sein Sterben ihr Zusammenleben. Nicht schön – weder für den Menschen noch für den Hund.

In freier Natur verlieren alte und kranke Hunde mehr und mehr die Kraft, am Rudelalltag teilzunehmen. Sie hören schlechter, sehen schlechter und haben Schwierigkeiten, sich am »Büffet« durchzusetzen. Altenbetreuung, wie wir Menschen sie kennen, ist im Rudel nicht vorgesehen. Wenn die Kraft zum Aufstehen nicht mehr reicht, bleibt ein Hund einfach liegen – bis er stirbt. Kein Artgenosse bringt ihm Futter oder Wasser, hält ihm die Pfote, nimmt ihn in den Arm. Allenfalls Junghunde oder Welpen würden vielleicht noch einige Zeit neben dem toten Körper ausharren und warten, dass er sich bewegt.

Ein todkranker Haushund stirbt anders, denn in der Regel kann sich der Mensch mit einbringen und in Rücksprache mit dem Tierarzt entscheiden, wann der Zeitpunkt gekommen ist, den Hund von seinem Leiden zu erlösen. Ich würde jedem raten, den Weg mit dem eigenen Hund bis zum Schluss gemeinsam zu gehen. Sie haben vor langer Zeit entschieden, dass der Hund fortan zu Ihnen gehört – und nun passiert das Gegenteil: Ihr Hund verlässt Sie. Wenn Sie Ihren Hund beim Einschläfern begleiten, ist das zwar sehr emotional und traurig, aber gleichzeitig auch der letzte gemeinsame Moment – warum sollten Sie den verpassen?

Trotzdem habe ich Verständnis für Hundehalter, die sagen: »Ich kann das nicht, ich kann nicht dabei sein.« Ich habe in meiner Trainerlaufbahn schon rund 20 Mal für solche Kunden die Sterbebegleitung übernommen und den Hund zum Tierarzt gebracht. Ich versuche dann, sehr sachlich mit dieser Situation umzugehen. Denn ein todkranker Hund mit starken Schmerzen wird durch das Einschläfern erlöst. Schließlich hat der Tierarzt ihn vorher genau untersucht und festgestellt, dass es keine Alternative zum Einschläfern gibt.

Manchmal erzählen mir Kunden, deren Tier verstorben ist oder eingeschläfert werden musste, der Tierarzt habe ihren Hund auf dem Gewissen: »Der hat nicht alles unternommen, um ihn zu retten. Ich weiß das ganz genau, keiner kennt meinen Hund so gut wie ich.« Ich halte solche Anschuldigungen für anmaßend. Warum sollte ein Laie besser über den gesundheitlichen Zustand eines Hundes Bescheid wissen als ein Mediziner? Daher möchte an dieser Stelle eine Lanze für die Tierärzte brechen. Zunächst einmal haben sie es nicht einfach, der Hund kann ja nicht sagen: »Gib mir mal was gegen das stechende Gefühl in der Herzgegend.« Also muss sich der Tierarzt Schritt für Schritt an eine Diagnose herantasten. Kein Tierarzt schläfert voreilig einen (zahlenden) Patienten ein, sondern wird alles Mögliche tun, um ihm zu helfen. Aus ethischen Gründen wird er einen Hund aber auch nicht auf Biegen und Brechen am Leben erhalten.

Während der Arbeit an diesem Buch bin ich selbst mit dem Thema »Hundetod« konfrontiert worden. Drei Tage vor seinem 16. Geburtstag musste mein Cairn-Terrier-Shitsu-Mischling Gysmo eingeschläfert werden. Gysmo war mein meistgebuchter Filmhund. Ein kleiner, souveräner, stilvoller und liebenswerter Hund – und ein toller Arbeitskollege, dem ich viel zu verdanken habe. Nach seinem ersten Auftrag als Cover-Dog für den Prospekt des Videorekorder-Herstellers hat es Gysmo im Laufe der Jahre auf Dutzende Auftritte in Werbeprospekten und in Film- und Fernsehproduktionen gebracht. Er war als Familienhund in mehreren Folgen der Serien *Unter uns* (RTL) und *Verbotene Liebe* (ARD) zu sehen. Ebenso als »Assistent« von Franklin in der Zaubershow *Ausgetrickst* (ARD) und als hechelnder Kunde einer Telefonsex-Hotline bei den *TV-Helden* (RTL) an der Seite von Jan Böhmermann. Außerdem »spielte« er an der Seite von Bastian Pastewka (*Ohne Worte*) und Rolf Zacher (*SK Kölsch*) und war Sketchpartner von Anke Engelke in *Ladykracher* (Sat.1). Nicht zu vergessen die Auftritte in Talkshows, zu denen er mich begleitete. Als ich in der *Happy Hour* von Peter Rueben im WDR zum ersten Mal selbst live im TV zu sehen war, schlotterten mir am Anfang schon ein bisschen die Knie. Gut, dass Gysmo an meiner Seite war, denn er benahm sich wie immer, schließlich war es ihm total egal, ob er mit mir im Biergarten saß oder in einem Fernsehstudio.

Eines Tages – Gysmo ist als Filmhund schon längst pensioniert – wird bei ihm ein vergrößerter Hoden festgestellt, den ich von nun an einmal in der Woche mit einer Schieblehre messe – in der Hoffnung, dass die Vergrößerung nicht zunimmt. Macht sie nicht – und ich atme erst mal auf. Gysmo scheint um eine OP herumzukommen. Gut so, denn er hat ohnehin schon leichte, altersbedingte Herzprobleme. In den kommenden Tagen und Wochen jedoch verschlimmern sich diese Beschwerden. Bereits alltägliche Anstrengungen werden für Gysmo zum Problem. Dreimal fällt er in Ohnmacht, weil nicht mehr genug Blut in seinen Kopf gepumpt wird. Beim ersten Mal denke ich sofort, er stirbt, und lege ihn behutsam auf die

Seite. Dann die große Erleichterung: Gysmos Herz klopft, wenn auch ganz schwach. Mit einer Hand streichele ich ihn, mit der anderen telefoniere ich mit einem befreundeten Tierarzt. Gysmo bekommt Herzmedikamente, zunächst scheint alles unter Kontrolle. Doch dann leidet er plötzlich unter Bauchkrämpfen und hat offensichtlich starke Schmerzen. Noch am gleichen Abend rufe ich unseren Tierarzt an, und wir treffen uns in seiner Praxis. Er untersucht Gysmo per Ultraschall. Diagnose: eine massiv vergrößerte Prostata. Gysmo bekommt Medikamente, damit sich die Prostata wieder verkleinert – leider ohne Erfolg. Wir müssen vom Schlimmsten ausgehen: ein Tumor, Prostatakrebs. Rein theoretisch könnte man die Prostata operativ entfernen, doch das würde Gysmo angesichts seines Alters wahrscheinlich nicht überleben. Zumal solche Eingriffe so oder so wenig Erfolg versprechend sind und meist zu schwerwiegenden Komplikationen führen.

Gysmo erhält nun täglich seine Schmerzmittelration. Außerdem lasse ich so oft wie möglich ein Blutbild machen. Zwischenzeitlich schöpfe ich ein wenig Hoffnung. Gysmos Zustand scheint sich leicht zu verbessern – bis zum nächsten Rückschlag: Er wird seinen Kot nicht mehr los und hört auf zu fressen. Mit Paraffinöl versuche ich, seinen Stuhlgang zu aktivieren. Es mag sich absurd anhören, aber als Gysmo dann endlich wieder eine Wurst macht, freue ich mich, als hätte Deutschland die EM gewonnen. Euphorie, fast Party – weil mein todkranker Hund mir soeben mitten in die Küche gekackt hat. Egal, ich hätte mich genauso gefreut, wenn er für seine Hinterlassenschaft mein Bett ausgewählt hätte. Meinem Hund geht's besser – das ist das Einzige, was zählt.

Insgesamt erlebe ich während Gysmos schwerer Krankheit rund drei Wochen lang eine Achterbahnfahrt der Gefühle, ein Rauf und Runter zwischen Hoffnung und Resignation. Langsam, aber sicher reift in mir die Erkenntnis, dass Gysmo nie wieder gesund wird. Dass es Zeit wird, sich auf einen Abschied vorzubereiten. Unser Tierarzt leidet mit und freut sich fast genauso wie ich über kleine Fortschritte.

Ich werde die letzten Tage in Gysmos Leben nie vergessen: An einem Freitag geht es ihm wieder richtig schlecht. Er frisst nichts mehr und erbricht sich. Ich lasse ihn erneut vom Tierarzt untersuchen. Das Ergebnis: Momentan geht's ihm zwar so »gut«, dass ein Einschläfern noch nicht in-

Auf dem letzten Weg die Pfote halten

frage kommt. Aber wenn sich sein Zustand nicht bis Montagnachmittag verbessert, müssen wir es tun. Gysmo bekommt weitere Schmerzmittel. Gemeinsam quälen meine Lebensgefährtin und ich uns mit ihm übers Wochenende. Am Montagmorgen gehen wir mit Gysmo zum Tierarzt und lassen ein weiteres Blutbild machen. Dann die Nachricht: Gysmo droht akutes Nierenversagen, was einen grausamen Tod zur Folge hätte. Wir müssen handeln und entscheiden uns schweren Herzens, Gysmo noch am selben Tag einschläfern zu lassen. Eines war mir von Anfang an wichtig: Ich wollte, dass Gysmo – wenn es so weit ist – in unserer Wohnung erlöst wird. Ich rufe den Tierarzt an, kann die Tränen kaum noch zurückhalten, bin gar nicht mehr »sachlich«. Von Berufs wegen müsste ich eigentlich über solchen Dingen stehen. Doch das kann ich nicht. Obwohl ich im Rahmen von Hilfsprojekten für Straßenhunde in Rumänien und Moldawien schon so viel Leid gesehen habe, dass ich im professionellen Sinne »abgestumpft« hätte sein können, brechen die Tränen aus mir heraus. Wie ein Film zieht die gemeinsame Zeit mit Gysmo an mir vorbei. Während ich weine, steigt ein Gefühl in mir hoch, dass das alles jetzt einfach so sein muss. Als Gysmo vom Tierarzt zunächst eine Narkose und dann die tödliche Spritze erhält, liegt er in meinen Armen. Ich streichele ihn bis zum letzten Moment, versuche seinen Geruch aufzunehmen. Gysmo stirbt in meinen Armen. Gedankenblitze in meinem Kopf: Wann ist der Moment, in dem ich ihn loslasse und dem Tierarzt übergebe? Wie lange werde ich hier noch sitzen, mit dem toten Gysmo in den Armen? Der Tierarzt nimmt mir Gysmos Leichnam irgendwann ab und lagert ihn in der Kühltruhe seiner Praxis. Bis zur Einäscherung.

Heute steht die Urne in seinem Körbchen, direkt neben meinem Bett. Ebenfalls im Körbchen: Eine Tüte mit dem (ungewaschenen) T-Shirt, das ich getragen habe, als Gysmo eingeschläfert worden ist. Dazu ein Foto und ein Löckchen, das ich ihm abgeschnitten habe. Die Einäscherungszeremonie war sehr würdevoll und hat mir geholfen, Abschied zu nehmen und loszulassen. Ich weiß noch nicht, wann meine Gefühle danach verlangen, die Tüte zu öffnen und an dem T-Shirt zu schnuppern. Bisher reicht mir die Möglichkeit, das tun zu können. Zwar höre ich Gysmo nicht mehr übers Laminat tapsen, aber auf eine unerklärliche Art und Weise spüre ich ihn – obwohl ich weder besonders religiös noch spirituell bin.

Seit Gysmo nicht mehr bei uns ist, hat sich die Struktur im Familienrudel verändert. Gysmos Mutter Alice, mittlerweile fast 18 Jahre alt, wird nun öfter von ihrer Tochter alias Gysmos Schwester Houkey (14) angeknurrt. Gysmos Platz bleibt vorerst leer. Wenn Alice, die mittlerweile senil ist und ihre Stubenreinheit »vergessen« hat, mal nicht mehr ist, werde ich darüber nachdenken, einen neuen Hund aufzunehmen. Was für einen? Ich habe da noch keine Idee, aber ich bin mir sicher, dieser neue Hund und ich werden uns irgendwann »finden«. So wie auch Alice und mich der Zufall zusammengeführt hat. Jedenfalls gehöre ich nicht zu den Menschen, die sagen, sie würden sich nach dem Tod ihres Lieblings nie wieder einen Hund anschaffen. Ich finde, wer gut mit Hunden kann, sollte den frei gewordenen Platz früher oder später neu besetzen. Bis es so weit ist, schwelge ich in schönen Erinnerungen, wann immer ich Gysmo vermisse.

Kunden, die ebenfalls von ihrem Hund Abschied nehmen müssen, sage ich immer: »Wichtig ist nicht, wie lange Ihr Hund gelebt hat, sondern dass er ein hündisches Er-Leben hatte.«

Nachwort

Hunde machen uns jeden Tag Freude, weil sie im Augenblick leben. Das Zusammenleben funktioniert aber nur, wenn klar ist, wer der Rudelführer ist. Um Ihnen zu helfen, für klare Verhältnisse zu sorgen, habe ich in diesem Buch vorgestellt, wie ich mit Hunden arbeite. Natürlich habe ich die Hundeerziehung nicht neu erfunden. Zu meinen Trainingsprinzipien gehört vieles, was andere Trainer schon lange vor mir ausprobiert und erfolgreich eingesetzt haben, kombiniert mit einigen Neuerungen. Dabei lasse ich allerdings etwas, das die meisten anderen (besonders die neu hinzugekommenen) Trainer heutzutage alltäglich bei ihrer Arbeit einsetzen, komplett weg: Leckerchen. Damit schwimme ich zwar gegen den Strom, tue dies aber in der Gewissheit, dass die (wenigen) Hundetrainer in Deutschland, die mit schweren Problemhunden fertigwerden, ähnlich arbeiten. Insofern sehe ich die kritischen Stimmen, denen ich seit Beginn meiner Arbeit als Trainer ebenfalls begegne, gelassen. Zumal es seit einigen Jahren durchaus Anzeichen gibt, dass auch die Medien die Leckerchen-Welle kritisch hinterfragen und entsprechenden Experten ein (Gegen-)Forum bieten. Wenn Sie (bzw. Ihr Hundetrainer) bisher einen völlig anderen Ansatz verfolgt haben, würde ich mich freuen, wenn ich Sie inspiriert oder zumindest zum Nachdenken angeregt habe. Jeder Hund – ob »unterwürfig« oder »dominant«, ob Blümchenhund oder Problemhund – kann lernen, den Hörzeichen zu folgen und Unarten abzulegen, aber nur, wenn der Halter ihn konsequent und geradlinig dazu erzieht und sich – wenn nötig (besonders bei dominanten Exemplaren) – dazu überwindet, das Fehlverhalten seines Hundes zu korrigieren. Anders gesagt: Ein guter Gärtner gießt nicht nur die Blümchen, er muss auch in der Lage sein, Unkraut zu zupfen.

Ich danke ...

... meinen Hunden: Mutter Alice mit Sohn Gysmo und Tochter Houkey. Mein Rudel hat mir viele schöne Stunden beschert und mir immer wieder gezeigt, wie Hunde miteinander umgehen und sich erziehen. Schweren Herzens musste ich kurz vor Redaktionsschluss dieses Buches nach Gysmo auch Alice im Alter von 18 Jahren einschläfern lassen.

... Heinz Hutze, meinem besten Freund. Ohne ihn hätte ich nie vom Leben der Straßenhunde in Rumänien erfahren. Er hat mich in schlechten Zeiten aufgebaut und gefördert.

... Vera Welke, meiner Lebensgefährtin. Als Tierärztin ist sie auch für meine Arbeit eine große Bereicherung. Sie versorgt mich stets mit wichtigen Informationen aus dem tiermedizinischen Bereich und hilft mir zu erkennen und zu deuten, welche Krankheitssymptome Einfluss auf das Verhalten von Hunden nehmen, sodass ich mein Training dementsprechend ausrichten kann.

... Marco Spychala, Ferdinand Hackmann, Axel Schorn, Wolfgang Kahle – allesamt Freunde und Tierärzte, die mich bei der medizinischen Betreuung meiner Hunde sowie der Hunde meiner Kunden seit vielen Jahren unterstützen.

... Erica Jugler Hahn. Sie war diejenige, die in den 1990er-Jahren die Medien zum ersten Mal auf mich aufmerksam gemacht hat.

... meinen Kunden. Ohne sie und ihr Vertrauen in meine Arbeit hätte ich nie so viele Herausforderungen in der Erziehungsarbeit mit Hunden erleben dürfen.

Über den Autor

Dirk Lenzen begann seine Arbeit mit Hunden als Mitglied in einem Verein für Schutzhundausbildung. Schnell erkannte er, dass die dort praktizierten Methoden seinen Vorstellungen vom Verhältnis Mensch-Hund nicht entsprachen. In zahlreichen Fortbildungen lernte er moderne Trainingsansätze kennen und fand so seinen ganz eigenen Weg zur artgerechten Hundeausbildung. 1996 eröffnete Dirk Lenzen seine Hundeschule in Düsseldorf und arbeitet seither als Problemhundetrainer. Er gilt als einer der erfahrensten und erfolgreichsten Vertreter in dieser noch jungen Branche und als Spezialist für besonders schwierige Fälle. Bis heute hat er über 5000 Hunde und – oft noch wichtiger – ihre Halter trainiert. Anders als die meisten seiner Kollegen kommt er in der Basiserziehung konsequent ohne Leckerchen und modische Hilfsmittel wie Klicker, Halti und Futterbeutel aus.

Darüber hinaus vermittelt er über seine Filmtier-Casting-Agentur tierische Darsteller an Filmproduktionsfirmen (u.a. Endemol, Grundy UFA und Sony Pictures) und macht sie fit für Kino- und TV-Auftritte (*Verbotene Liebe*, *Tatort*, *Ladykracher*, *Unter uns*, Tom-Cruise-Film *Operation Walküre* etc.). Lenzen ist gefragter Experte in Fernsehen und Printmedien.

Siehe auch: www.animalstar.de

**Filmtiertraining & Hundeausbildung
Dirk Lenzen
www.animalstar.de
und animalstar auf facebook**

192 Seiten
Preis: 17,99 € (D) 18,50 € (A)
ISBN 978-3-86882-234-2

Dr. med. vet. Jutta Ziegler
HUNDE WÜRDEN LÄNGER LEBEN, WENN ...
Schwarzbuch Tierarzt

Ca. 8,2 Millionen Katzen und 5,4 Millionen Hunde leben derzeit in deutschen Haushalten. Nahezu all diese Vierbeiner werden regelmäßig mit sinnlosen Impfungen, chemischen Medikamentenkeulen und abstrusen Diätfuttermitteln traktiert und so regelrecht krank therapiert. Die Tierärztin Jutta Ziegler informiert anhand von praktischen Fallbeispielen, wie unsere Hunde und Katzen eben nicht behandelt und ernährt werden sollten. Der verantwortungsbewusste Tierbesitzer erhält in diesem Buch Tipps und Ratschläge, wie er sein Tier und sich selbst vor korrupten und gewissenlosen Tierärzten schützen kann, die die Gesundheit der ihnen anvertrauten Tiere zugunsten ihrer eigenen Brieftasche in verantwortungsloser Weise aufs Spiel setzen.

356 Seiten
Preis: 17,99 € (D) 18,50 € (A)
ISBN 978-3-86882-275-5

Dr. med. vet. Jutta Ziegler
TIERÄRZTE KÖNNEN DIE GESUNDHEIT IHRES TIERES GEFÄHRDEN
Neue Wege in der Therapie

Dr. Jutta Ziegler greift in ihrem neuen Buch die häufigsten Sorgen, Probleme und Fragen von Haustierhaltern auf und erklärt anhand von Fallbeispielen aus ihrer Praxis alternative Therapiemöglichkeiten. Durch artgemäße Fütterung, die Vermeidung von unnötigen Chemiekeulen sowie natürliche Regulationsmethoden können viele chronisch degenerative Krankheiten schon im Vorfeld verhindert oder geheilt werden. Ein Buch, das jedem Tierhalter die Augen öffnet.

336 Seiten
Preis: 9,99 € (D) 10,30 € (A)
ISBN 978-3-86882-489-6

Gwen Cooper
HOMER UND ICH
Wie mir ein blindes Kätzchen die Freude am Leben zurückgab

Das Letzte, was Gwen Cooper wollte, war noch eine Katze. Zwei hatte sie schon, außerdem einen schlecht bezahlten Job und ein gebrochenes Herz. Doch in Homer, ein vier Wochen altes, blindes Kätzchen, verliebt sie sich auf der Stelle. Das Katzenbaby wächst zum Lebenselixier für Gwen heran. Es erweist sich als ein regelrechter Lehrmeister fürs Leben und versöhnt Gwen sogar mit der Liebe ...

224 Seiten
Preis: 14,99 € (D) 15,50 € (A)
ISBN 978-3-86882-531-2

Thomas Görblich
WAS HUNDE DENKEN
Alles, was Sie über die Sprache und das Verhalten Ihres Vierbeiners wissen müssen

Hunde wissen alles über uns – sie erspüren sofort, wie wir uns fühlen, ob wir glücklich sind oder uns ärgern, wir uns fürchten oder einfach nur unsere Ruhe haben wollen. Wir dagegen müssen meist raten, wie es dem Hund geht und was er möchte – doch der erfahrene Tierarzt Dr. Thomas Görblich kann helfen: Er gibt einen faszinierenden und äußerst unterhaltsamen Einblick in die Welt des Hundes und zeigt, welche außergewöhnlichen Fähigkeiten sie haben und wie sie ticken. Mit diesem Wissen können wir das Verhalten unserer Hunde besser deuten, ihre Signale richtig verstehen und einen entspannten Umgang miteinander finden!